石油天然气工业常用术语中俄文释义手册

Пособие по толкованию терминов в нефтегазовой промышленности на китайско-русском языке

主编 黄永章

Директор: Хуан Юнчжан

炼油催化剂术语释义手册

Терминология в области катализаторов нефтепереработки

李瑞峰 Ли Жуйфэн 何旭鸪 Хэ Сюйцзяо 赵亮东 Чжао Ляндун

亚历山大·米特莱金 Александр Митрейкин

◎等编著 и другие составители

石油工業出版社

Издательство «Нефтепром»

图书在版编目（CIP）数据

炼油催化剂术语释义手册 / 李瑞峰等编著 .—北京：石油工业出版社，2024.1

（石油天然气工业常用术语中俄文释义手册）

ISBN 978-7-5183-6401-5

Ⅰ. ① 炼… Ⅱ. ① 李… Ⅲ. ① 炼油催化剂–名词术语–手册–汉、俄 Ⅳ. ① TE624.9-61

中国国家版本馆 CIP 数据核字（2023）第 216156 号

出版发行：石油工业出版社

（北京安定门外安华里 2 区 1 号　100011）

网　址：www.petropub.com

编辑部：（010）64523546　　图书营销中心：（010）64523633

经　　销：全国新华书店

印　　刷：北京中石油彩色印刷有限责任公司

2024 年 1 月第 1 版　2024 年 1 月第 1 次印刷

787 × 1092 毫米　开本：1/16　印张：14

字数：320 千字

定价：80.00 元

《石油天然气工业常用术语中俄文释义手册》
编 委 会
Редакционный комитет

专 家 组
Группа экспертов

《炼油催化剂术语释义手册》
编 写 组
Группа составителей

组 长：(Начальники группы)

李瑞峰	何旭鸡	赵亮东	
Ли Жуйфэн	Хэ Сюйцзяо	Чжао Ляндун	
亚历山大·米特莱金			
Александр Митрейкин			

成 员：(Члены)

张福琴	李 丽	刘 博	鞠雅娜
Чжан Фуцинь	Ли Ли	Лю Бо	Цзюй Яна
潘晖华	赵元生	李海岩	谢 彬
Пань Хуэйхуа	Чжао Юаньшэн	Ли Хайянь	Се Бинь
侯远东	周华群	张兆前	刘宏海
Хоу Юаньдун	Чжоу Хуацюнь	Чжан Чжаоцянь	Лю Хунхай
车春霞	谭都平	周金波	任立新
Чэ Чунься	Тань Дупин	Чжу Цзиньбо	Жэнь Лисинь
戚维欣	韩睿婧	张晓阳	张文成
Ци Вэйсинь	Хань Жуйцзин	Чжан Сяоян	Чжан Вэньчэн
吴 培	吕忠武	龚奇菡	刘晓瑜
У Пэй	Люй Чжунъу	Гун Цихань	Лю Сяоюй
王晓丽		亚历山大·库利克	
Ван Сяоли		Александр Кулик	
鲍里斯·乌斯本斯基		巴维尔·尼古里申	
Борис Успенский		Павел Никульшин	

序

FOREWORD

改革开放40多年,国际交流与合作对推动我国石油工业的快速发展功不可没。通过大力推进国际科技交流与合作,中国快速缩短了与世界科技发达国家的差距,大幅度提升了中国科技的国际化水平和世界影响力。中国石油工业由内向外,先“海洋”再“陆地”,先“引进来”再“走出去”。20世纪90年代以来,“走出去”战略加快实施,中国石油开启了国际化战略,海外油气勘探开发带动了国际业务的跨越式发展,留下了坚实的海外创业足迹。

10年来,中国石油紧紧围绕政策沟通、设施联通、贸易畅通、资金融通、民心相通目标,坚持共商、共建、共享原则,持续深化“一带一路”能源合作。通过积极举办、参与国际交流合作活动,全力应对气候变化,创新油气开发技术,提升国际化经营管理水平,助力东道国和全球能源稳定供应,推动构建更加公平公正、均衡普惠、开放共享的全球能源治理体系不断探索。

“交得其道,千里同好”。中俄共同实施“一带一路”倡议,成功走出了一条大国战略互信、邻里友好的相处之道,树立了新型国际关系的典范。

展望未来,中俄科技领域的语言互联互通的重要性就更为凸显。为此,中国石油与俄罗斯石油股份公司、俄罗斯天然气工业股份公司共同合作,针对石油天然气工业重点专业领域,由中国石油科技管理部具体组织,中国石油勘探开发研究院携手中国石油工程材料研究院、中国石油石油化工研究院等单位,与俄罗斯石油股份公司、俄罗斯天然气工业股份公司合作,汇集200多名行业专家,历时近3年,先期围绕油田提高采收率、储层改造、石油管材及炼油催化剂等专业领域,开展常用术语及通用词汇的中英俄文释义研究,编撰并出版石油天然气工业中英俄文释义手册。手册汇聚了众多专家的经验智慧,饱含广大科技工作者的辛勤汗水。丛书共计4个分册，2000多个条目。

我坚信，手册的出版将成为中国与中亚－俄罗斯地区科技文化交流的桥梁，油气能源科技交流合作的纽带，推动标准化领域实现“互联互通”的基石，从而推动油气能源合作走深、走实、走远！

黄永章

2023年11月

Введение

FOREWORD

За более чем 40 лет с момента проведения политики реформ и открытости международные обмены и сотрудничество внесли значительный вклад в стремительное развитие нефтегазовой промышленности Китая. Благодаря активному развитию международного научно-технического обмена и сотрудничества Китай быстро сократил отставание от технически развитых стран, а также существенно повысил международный уровень и влияние китайской науки и техники в мире. Нефтегазовая промышленность Китая осуществила разворот от ориентации на внутренний рынок к ориентации на внешний рынок, от освоения морских месторождений к освоению месторождений на суше, от стратегии «привлечения зарубежного» к стратегии «выхода за границу». С ускорением реализации стратегии «выхода за границу» в 90-х годах XX века Китайская национальная нефтегазовая корпорация (КННК) приступила к осуществлению стратегии интернационализации. Разведка и разработка нефтяных и газовых месторождений за рубежом способствовали скачкообразному развитию международной деятельности корпорации и оставили заметный след в ее предпринимательской деятельности за рубежом.

За последние десять лет, уделяя внимание укреплению взаимосвязей в области политики, инфраструктуры, торговли, финансов и между людьми, руководствуясь принципами совместных консультаций, совместного строительства и совместного использования, КННК продолжала углублять сотрудничество в области энергетики в рамках «Одного пояса, одного пути». Активно организуя и участвуя в мероприятиях по обмену и сотрудничеству, КННК прилагает неустанные усилия, чтобы противостоять изменениям климата, внедрять инновационные технологии в разработку нефтегазовых ресурсов, повышать уровень международной деятельности и управления, оказывать помощь принимающим странам и стабильному обеспечению мировой энергетики, а также продвигать исследования в области формирования более справедливой и равноправной, сбалансированной и инклюзивной, открытой и совместной системы глобального энергетического управления.

«Партнерство, выкованное правильным подходом, бросает вызов географическому расстоянию». Совместно реализуя инициативу «Один пояс, один путь», Китай и Россия успешно прошли путь взаимного стратегического доверия, добрососедства и дружбы между крупными державами и установили образец международных отношений нового типа.

В перспективе важность взаимосвязи между Китаем и Россией в области научно-технической терминологии очевидна. В этой связи КННК, ПАО «НК «Роснефть» и ПАО «Газпром» совместно изучили глоссарий часто употребляемых терминов в нефтегазовой отрасли, в итоге создали «Пособие по толкованию терминов в нефтегазовой промышленности на китайско-русском языке», что является очень важной работой. Научно-исследовательский институт разведки и разработки при Китайской национальной нефтегазовой корпорации с Научно-исследовательским институтом инженерных материалов КННК и Научно-исследовательским институтом нефтехимической промышленности собрали более 200 отраслевых экспертов, которые в течение двух с лишним лет были сосредоточены на изучении методов повышения коэффициента извлечения нефти, повышении качества нефтепроводных труб и катализаторов нефтепереработки, а также издали единое и стандартизированное

«Пособие по толкованию терминов в нефтегазовой промышленности на китайско–русском языке». Издание данного пособия является результатом кропотливой работы авторов и объединяет опыт и знания множества специалистов. Весь труд состоит из четырех томов, в которых содержится более 2000 статей.

Уверен, что данное пособие послужит мостом для культурного обмена между Китаем и регионами Центральной Азии и России и станет связующим звеном для стыковки технологий всех сторон, участвующих в нефтегазовом сотрудничестве, а также краеугольным камнем для продвижения взаимосвязи в области стандартизации. Это толчок тому, чтобы нефтегазовое сотрудничество стало еще глубже, содержательнее и долгосрочнее!

Хуан Юнчжан

Ноябрь 2023 г.

前 言

PREFACE

随着中俄经贸和技术交流的深入,两国在能源尤其是石油及石油加工领域的合作愈加紧密,中俄两国陆续签订了一系列政府间合作协议。为了更好地开展双方技术合作和交流,中国石油天然气集团有限公司与俄罗斯石油公司有关单位的技术人员共同编写了《炼油催化剂术语释义手册》,供中俄两国炼油领域的专家、炼厂技术人员交流使用。

编制范围包括:(1)炼油领域的自有催化剂品种,主要包括催化裂化催化剂、催化重整催化剂、加氢裂化催化剂、加氢精制催化剂、烷基化催化剂、醚化催化剂等相关催化剂。(2)石化领域部分自有催化剂品种,涉及乙烯裂解碳二加氢催化剂、碳三加氢催化剂、裂解汽油加氢催化剂及醛加氢催化剂等。(3)环保领域涉及烟气脱硝催化剂。

依据的标准和主要参考资料:国家标准《术语工作 词汇 第1部分:理论与应用》(GB/T 15237.1—2000);《英汉炼油辞典》(中国石化出版社,2000年出版,第二版)、《俄汉炼油词典》(中国石化出版社,2016年出版,第一版)、《英汉双解石油辞典》(中国石化出版社,2007年出版,第一版)和《化工辞典》(化学工业出版社,2014年出版,第5版);炼油领域专业书籍及有关大学教材。

该手册主要包括炼油催化剂基础词汇、石油炼制基础词汇、炼油催化剂及相关词汇三部分内容。

本手册由李瑞峰、何旭鵁等领衔编写,由张福琴、李丽、刘博、鞠雅娜、李海岩、谢彬、潘晖华、赵元生、张兆前、侯远东、周华群、谭都平等共同编写并审核。

由于本手册涉及专业面广,编著者水平有限,难免有不足之处,敬请读者谅解并批评指正。

Предисловие

PREFACE

По мере углубления торгово-экономических и технологических обменов между КНР и РФ, сотрудничество между двумя странами в области энергетики, особенно в нефтяной области и в даунстриме, становится более тесным, китайская и российская стороны последовательно подписали ряд межправительственных соглашений о сотрудничестве. В целях улучшения технического сотрудничества и обмена между двумя странами, технические сотрудники КННК и ПАО «НК «Роснефть» совместно разработали «Терминологию в области катализаторов нефтепереработки», которую могут использовать эксперты в области нефтеперерабатывающей промышленности и технические сотрудники нефтеперерабатывающих заводов в Китае и России.

В данную Терминологию включены: (1) виды собственных катализаторов в области нефтепереработки, включая катализаторы каталитического крекинга, катализаторы каталитического риформинга, катализаторы гидрокрекинга, катализаторы гидроочистки, катализаторы алкилирования, катализаторы этерификации и др.; (2) некоторые виды собственных катализаторов в области нефтехимии, включая катализаторы гидрирования диоксида углерода и катализаторы гидрирования триоксида углерода для крекинга этилена, катализаторы гидрирования бензина крекинга и катализаторы гидрирования альдегидов и др.; (3) катализаторы для денитрации дымовых газов, применяемые в области охраны окружающей среды.

Настоящее издание составлено на основе следующих стандартов и справочных материалов: национальный стандарт «Терминологическая работа. Словарь. Часть 1. Теория и применение» (GB/ T 15237.1—2000); «Англо-китайский словарь по нефтепереработке» (Sinopec Press, опубликован в 2000 г., второе издание), «Русско-китайский словарь по нефтепереработке» (Sinopec Press, опубликован в 2016 г., первое издание), «Англо-китайский словарь по нефти» (Sinopec Press, опубликован в 2007 г., первое издание) и «Химический словарь» (Chemical Industry Press, опубликован в 2014 г., пятое издание); профессиональные книги в области нефтепереработки и соответствующие университетские учебные пособия.

Настоящая Терминология в основном состоит из трех частей: основные термины по катализаторам нефтепереработки, основные термины по нефтепереработке, катализаторы нефтепереработки и соответствующие термины.

Настоящая Терминология отредактирована Ли Жуйфэном и Хэ Сюйцзяо, ее соавторы: Чжан Фуцин, Ли Ли, Лю Бо, Цзюй Яна, Ли Хайянь, Се Бинь, Пан Хуэйхуа, Чжао Юаньшэн, Чжан Чжаоцянь, Хоу Юаньдун, Чжоу Хуацюнь и Тань Дупин.

Будем благодарны Вашим отзывам о нашей книге!

目 录

СОДЕРЖАНИЕ

第一章　炼油催化剂基础词汇

Часть I. Основные термины по катализаторам нефтепереработки

炼油催化剂常用词汇

Общепринятые термины катализаторов нефтепереработки

基础词汇

Основные термины

催化剂(catalyst)　催化剂又称触媒,是一种因其存在能改变化学反应速率而本身消耗可忽略的物质。

Катализатор.　Катализатор также называется ускорителем реакции, представляет собой вещество, изменяющее скорость химических реакций, и которое не расходуется в результате реакции.

催化作用(catalytic action)　催化作用是指催化剂促进反应速率发生变化的现象。加快反应速率的称正催化作用,反之称负催化作用,催化作用通常指正催化作用。

Катализ.　Катализ представляет собой явление содействия изменению скорости реакции при помощи катализатора. Ускорение скорости реакции называют положительным катализом, а замедление скорости реакции–отрицательным катализом. Катализ обычно относится к положительному катализу.

工业催化(industrial catalysis)　工业催化是一门综合性学科,以高效率、低成本和低污染的方式生产化学品为特征,在生产中使用催化技术。

Промышленный катализ.

Промышленный катализ–комплексная прикладная наука, характеризующая производство химических продуктов при высокой эффективности, низкой стоимости и низком уровне загрязнения с применением каталитической химии и каталитических технологий в химическом производстве.

催化剂分类(catalyst classification)　催化剂按化学类型、化学组成、反应类型及市场类型来划分。国内外通用的催化剂划分以功能划分为主,兼顾市场类型及应用产业。中国、美国和日本催化剂的分类如图 1–1、图 1–2 和图 1–3 所示。

Классификация катализаторов.

Катализаторы подразделяются по химическому типу, химическому составу, типу реакции и типу рынка. Катализаторы, обычно используемые в Китае и за рубежом, в основном классифицируются по функциям, одновременно учитывая тип рынка и отрасль их применения. Классификация катализаторов в Китае, Америке и Японии показана на рисунках 1–1, 1–2 и 1–3.

催化活性(catalytic activity)　给定反应条件下,单位时间、单位催化剂的量(体积、表面积或质量等),催化反应物转化为某种产物的能力。

Каталитическая активность.

Каталитическая активность представляет собой способность преобразования каталитического реактора в определенный продукт в единицу времени и при единице количества катализатора (объем, площадь поверхности или массу и т. д.) в заданных условиях реакции.

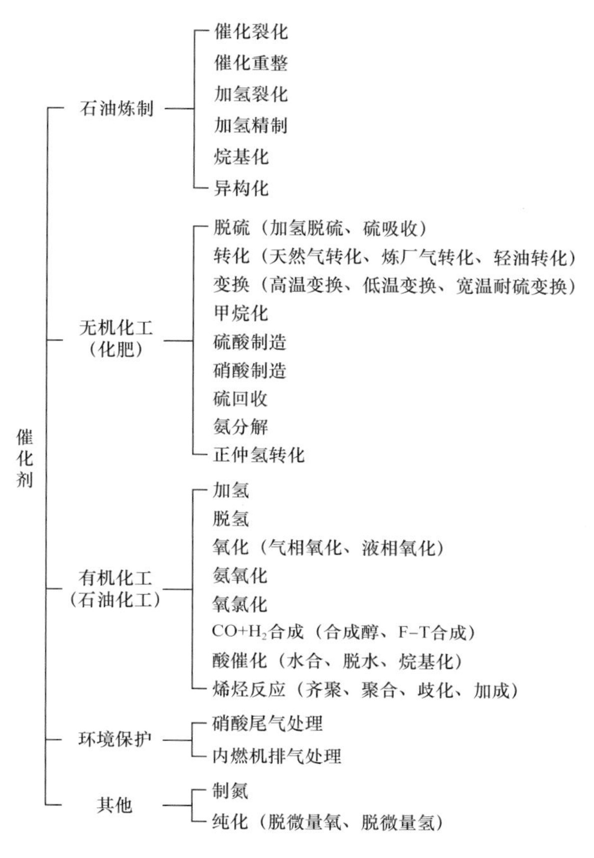

图 1-1　中国工业催化剂分类法

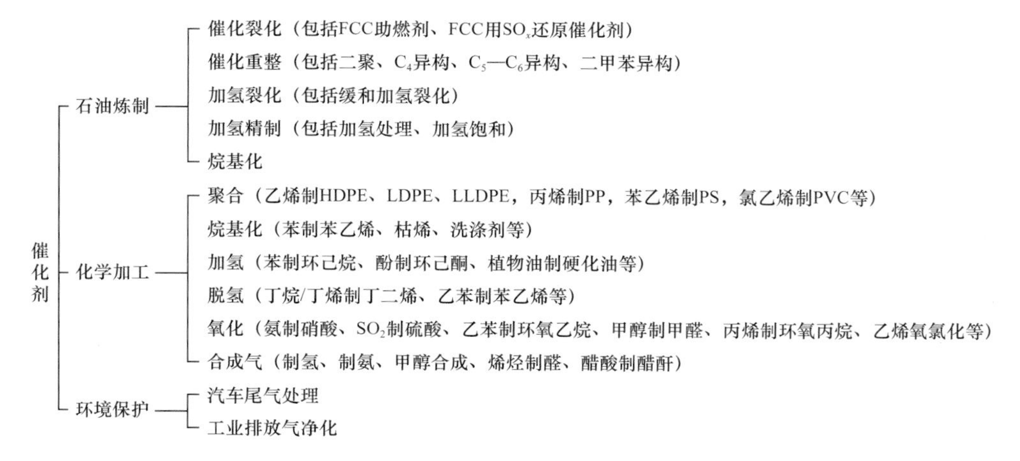

图 1-2　美国工业催化剂分类法

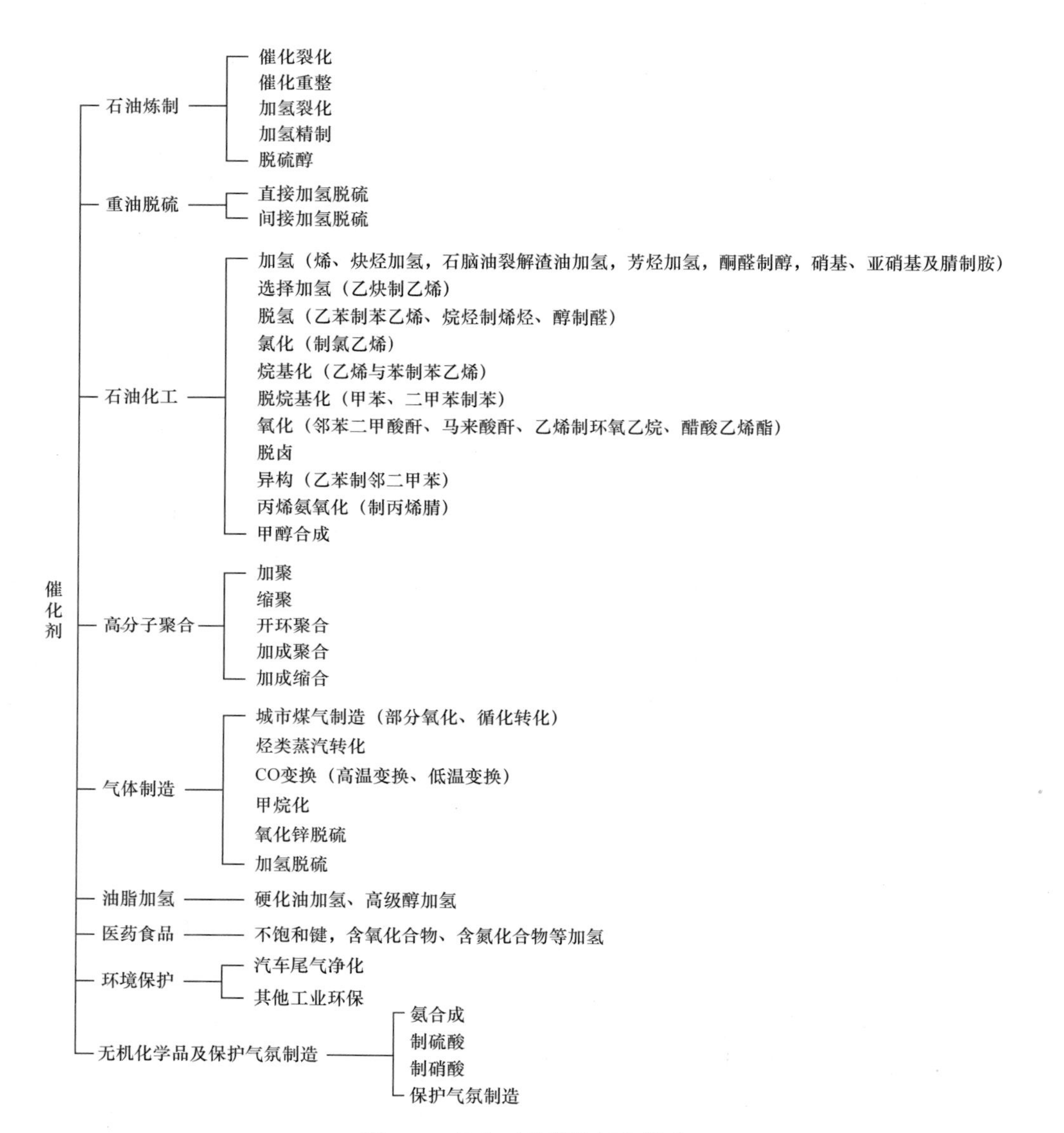

图 1-3　日本工业催化剂分类法

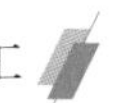

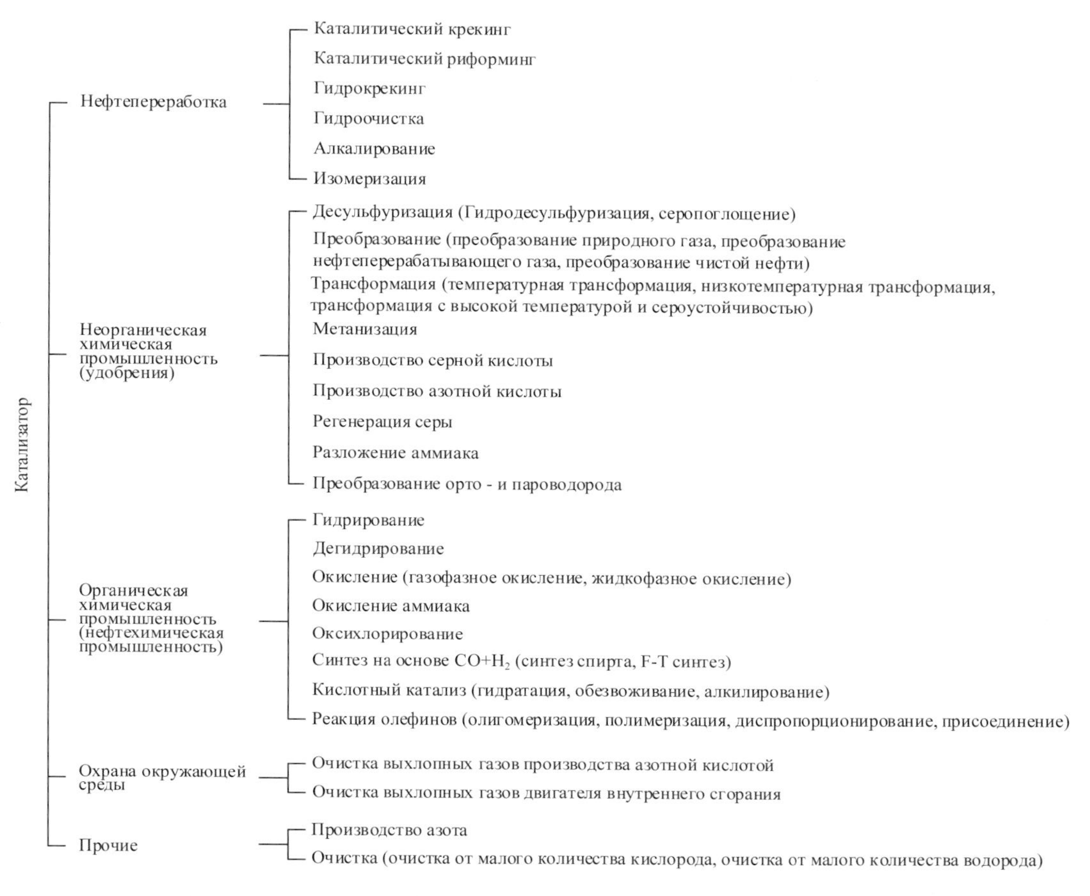

Рисунок 1–1　Классификация промышленных катализаторов в Китае

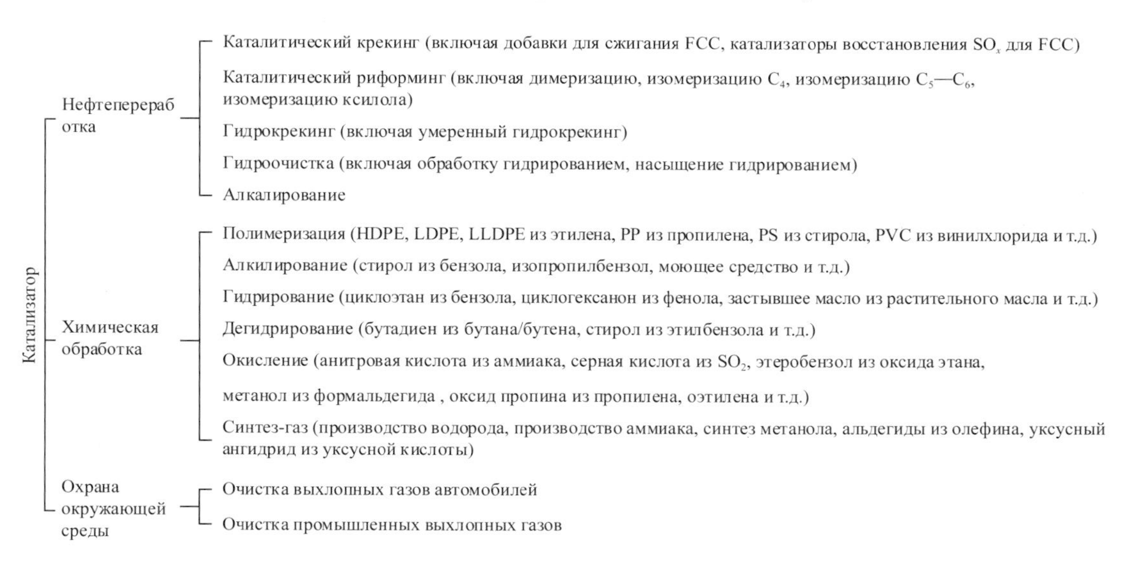

Рисунок 1–2　Классификация промышленных катализаторов в Америке

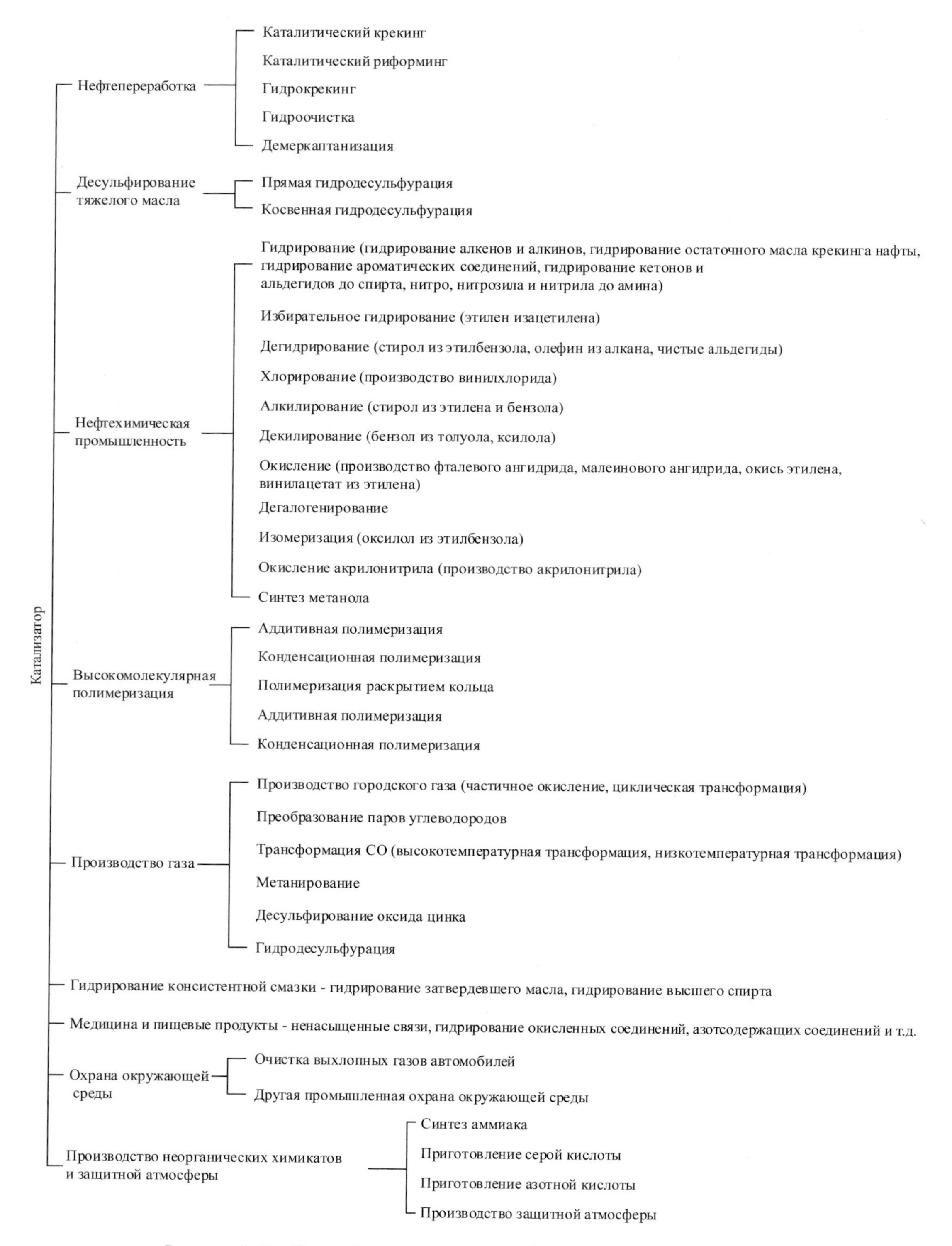

Рисунок 1–3 Классификация промышленных катализаторов в Японии

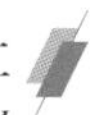

催化剂本征活性（intrinsic catalytic activity）　催化剂本征活性指没有传递过程影响的催化剂自身具有的催化活性，即其转化反应物的能力，也即催化剂的理论催化活性。

Истинная каталитическая активность.

Истинная каталитическая активность–это каталитическая активность самого катализатора без влияния процесса передачи, то есть способность преобразования реактора, также называют теоретической каталитической активностью катализатора.

催化剂表观活性（apparent catalytic activity）　催化剂表观活性指不排除传递过程影响的催化剂的活性，也即催化剂的实际催化活性。

Кажущаяся каталитическая активность.

Кажущаяся каталитическая активность–это активность катализатора, не исключающая влияния процесса передачи, то есть фактическая катализационная активность катализатора.

催化活性中心（catalytic active center）　多相催化剂只有微观结构中的局部位点才产生活性，称为活性中心，也称为活性部位。

Каталитический активный центр.

Каталитическим активным центром является локальная точка в микроскопической структуре многофазного катализатора, вызывающая активность, он также называется активным центром и активным местом.

催化剂选择性（catalyst selectivity）　催化剂选择性指催化剂并不是对热力学允许的所有化学反应都有通常的功能，而是特别有效地加速平行反应或连串反应中的一个反应。

Селективность катализатора.

Селективность катализатора означает, что катализатор не имеет обычной функции для всех химических реакций, разрешаемых в тепломеханике, особенно эффективно ускоряет параллельную реакцию или одну из последовательных реакций.

转化率(conversion rate) 转化率是指某一反应物的转化量与该反应物的起始量的比值。转化率 =(某一反应物的转化量 / 该反应物的起始量)×100%。

注:通常按质量计取。

Скорость преобразования. Скорость преобразования представляет собой величину отношения объема преобразования реактора к начальному объему реактора. Скорость превращения=(объем преобразования какого-либо реактора/начальный объем реактора)×100%.

Примечание: Величина обычно принимается по массе.

均相催化反应(homogeneous catalytic reaction) 均相催化反应指催化剂与反应体系(介质)不可区分,与介质中的其他组分形成均匀物相的反应体系。

Гомогенно-каталитическая реакция. Гомогенно-каталитическая реакция-это реакционная система, неотделимая от катализатора, в которой образуется однородная фаза с другими компонентами в среде.

多相催化反应(heterogeneous catalytic reaction) 多相催化反应是涉及催化剂和反应介质不处于同一相态的反应,因此又称为非均相催化反应,反应物体系可为气—固、气—液两相或气—液—固三相的反应,催化剂多为各类固相物质。

Гетерогенно-каталитическая реакция. Гетерогенно-каталитическая реакция представляет собой реакцию, в которой катализатор и реакционная среда не находятся в одном и том же фазовом состоянии, поэтому также называют неоднородной каталитической реакцией. Реакционная система может представлять собой газотвердую, газожидкостную двухфазную или газожидкостно-твердую трехфазную реакцию. Катализаторы в основном представляют собой различные твердофазные вещества.

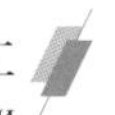

择形催化（shape-selective catalysis）　在催化剂作用下，反应体系选择一定分子量、分子构型的组分（包括反应物与生成物）进行的具有高选择性的反应过程。择形催化一般用于重整、脱蜡、二甲苯异构化、甲苯歧化、甲醇制汽油等。采用的催化剂有 ZSM-5 分子筛等。

Селективный по форме катализ. Селективный по форме катализ представляет собой процесс реакции, характеризующейся высокой селективностью, в которой реакционная система выбирает компоненты (включая реагенты и продукты) с определенной молекулярной массой и молекулярной конфигурацией под действием катализатора. Селективный по форме катализ обычно используется для реорганизации, депарафинизации, изомеризации оксилола, диверсификации толула, получения бензина из метанола и т.д. Используются катализаторы, такие как молекулярное сито типа ZSM-5 и т. д.

扩散限制（diffusion control）　扩散限制指气相分子在多孔固体介质中进行扩散所受到的制约因素，包括扩散方式和气相分子尺寸，其中扩散方式主要有常规扩散（regular diffusion）、努森扩散（knudsen diffusion）、构型扩散（configurational diffusion）。

Диффузионный контроль. Диффузионный контроль-это лимитирующий фактор диффузии молекул газовой фазы в пористой твердой среде, включая способ диффузии и размер молекул газовой фазы, способ диффузии обычно включает в себя регулярную диффузию, кнудсеновскую диффузию, конфигурационную диффузию.

临界分子直径（critical molecular diameter）　临界分子直径指反应物分子能自由通过催化材料的最小孔的直径。

Критический диаметр молекул. Критический диаметр молекул-это диаметр наименьшего отверстия, через которое молекулы реагента могут свободно проходить через каталитический материал.

有效因子(effective factor) 有效因子指催化剂的利用效率,是表观反应速率常数与没有扩散控制的反应速率常数关联的数值,也即实际反应速率常数/理论反应速率常数。

Эффективный фактор. Эффективный фактор представляет собой эффективность использования катализатора, является значением, связанным с кажущейся константой скорости реакции и константой скорости реакции без контроля диффузии, то есть фактическая константа скорости реакции/теоретическая константа скорости реакции.

负载型催化剂(supported catalyst) 把活性组分及助剂通过负载的方法分散到载体上制成的催化剂为负载型催化剂。

Нанесённый катализатор. Катализатор, нанесенный активными компонентами и добавками на поверхность носителя методом загрузки, является нанесённым катализатором.

本体催化剂(bulk catalyst) 本体催化剂指整个催化剂颗粒包括其外表面和内部结构的物质都是一样的,几乎都是活性物质。

Массивный катализатор. Все частицы катализатора, включая вещества на внешней поверхности и во внутренней структуре, являются одинаковыми, являются активными компонентами.

主催化剂(main catalyst) 主催化剂又称催化活性组分,是起催化作用的根本性物质。

Основной катализатор. Основной катализатор, известный как каталитически активный компонент, является основным веществом, который оказывает катализирующее действие.

助催化剂(catalyst promoter; promoter) 助催化剂指在多元催化剂体系中,帮助提高主催化剂的活性、选择性,改善催化剂的耐热性、抗毒性、机械强度和寿命等性能的组分。

Промотор катализатора или промотор. Компоненты, которые помогают улучшить активность и селективность основного катализатора, а также повышают термостойкость, токсичность, механическую прочность и срок службы катализатора в многофакторной каталитической системе.

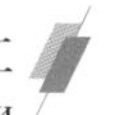

保护剂(guard catalyst) 保护剂是用于改善催化反应进料质量,抑制杂质对主催化剂孔道的堵塞与活性中心的覆盖,保护主催化剂活性和稳定性,延长主催化剂运行周期的催化剂。

Защитный катализатор. Защитный катализатор является катализатором, используемым для улучшения качества загрузочного сырья для каталитической реакции, ингибирования засорения поровых каналов основного катализатора примесями и покрытия активного центра, защиты активности и стабильности основного катализатора и продления рабочего цикла основного катализатора.

惰性氧化铝瓷球(inert alumina porcelain balls) 将水合氧化铝制成不同规格的小球,然后经高温(1200℃)焙烧使水合氧化铝失水生成晶型为α-氧化铝的瓷球,即可获得惰性瓷球。α-氧化铝是惰性的,比表面积 0.01～50m^2/g,孔容在 0.1～0.3mL/g 之间,在需要微小活性或承受高温时可使用这种氧化铝。

Инертные керамические шарики из оксида алюминия. Инертные керамические шарики представляют собой керамические шарики из α-оксида алюминия в кристаллической форме, сформированные обезвоживанием гидратированного оксида алюминия после обжига небольших шариков различных спецификаций, изготовленных из гидратированного оксида алюминия, при высокой температуре (1200℃). α-оксид алюминия инертный, его удельная площадь поверхности составляет 0,01-50 м^2/г, объем пор 0,1-0,3 мЛ/г, можно использовать такой оксид алюминия при микроактивности или высокой температуре.

支撑剂(inert ceramic balls) 支撑剂通常指放置于反应器内支撑格栅之上、催化剂下部,起到一定的支撑催化剂床层重量的作用的惰性瓷球。支撑剂通常为惰性氧化铝瓷球,一般规格为 ϕ3mm、ϕ6mm、ϕ12mm、ϕ18mm、ϕ25mm 等,使用时按不同规格级配装填使用。

Инертные керамические шары. Инертные керамические шарики, которые помещают между опорной решеткой в реакторе и нижним слоем катализатора, обычно представляют собой инертные керамические шарики на основе окиси алюминия, размеры составляют ϕ3мм, ϕ6мм, ϕ12мм, ϕ18мм, ϕ25мм и др.

催化剂物性词汇

Термины физических свойств катализатора

催化剂形状（catalyst shape） 催化剂形状指固体工业催化剂具有的特定外形。

Форма катализатора. Форма катализатора представляет собой определенную форму, которую имеет твердый промышленный катализатор.

粒径（particle diameter） 单个粉体颗粒的粒径采用圆当量直径、长（轴）径、二轴平均径等术语表示。

Диаметр частицы. Размер одной частицы порошка выражается в единицах эквивалентного диаметра окружности, большой оси и среднего диаметра двух осей.

催化剂粒度（catalyst size） 催化剂粒度指催化剂颗粒体积与催化剂颗粒的外表面积的比值。Aris 定义的粒度以 L_p 表示。

Размер частицы катализатора. Под размером частицы катализатора подразумевается величина отношения объема частицы катализатора к площади внешней поверхности частицы катализатора. Размер частицы катализатора, определенный Aris, выражается в L_p.

粒度分布（particle size distribution） 在给定的固体颗粒状物料的颗粒群中，不同粒度范围的颗粒质量占总质量的百分数称为该粒度范围内的粒度分布。

Распределение частиц по размерам. Процент массы частиц различных размеров от общей массы частиц твердых тел называется распределением частиц в этом диапазоне размеров.

颗粒平均长度（average length of particle） 颗粒平均长度指测定一定量的催化剂样品的长度所取得的算术平均值。

Средняя длина частиц. Под средней длиной частиц подразумевается среднее арифметическое значение, полученное при определении длины образца катализатора в определенном количестве.

孔隙率（porosity ratio） 孔隙率指催化剂颗粒内的孔体积与颗粒体积之比。

Коэффициент пористости. Под коэффициентом пористости подразумевается отношение объема пор в частицах катализатора к объему частиц катализатора.

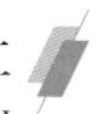

空隙率（void ratio） 空隙率又称自由空间率，是催化剂载体颗粒与颗粒之间的空隙体积（$V_{空}$）与堆积体积（$V_{堆}$）之比。其表达式为 $\varepsilon=V_{空}/V_{堆}$

Порозность. Порозность также называется коэффициентом свободного пространства, под порозностью подразумевается отношение объема пустот ($V_{пустота}$) между частицами и частицами носителя катализатора к насыпному объему ($V_{насыпка}$), выражение заключается в следующем: $\varepsilon=V_{пустота}/V_{насыпка}$

孔容（pore volume） 孔容是催化剂内所有细孔体积的加和，常用比孔容来表示。比孔容为 1g 催化剂颗粒内部所具有的孔体积。

Объем пор. Объем пор представляет собой суммарный объем всех пор в катализаторе и обычно выражается как удельный объем пор. Удельный объем пор–это объем пор внутри частиц катализатора массой 1 г.

平均孔径（average pore diameter） 多孔固体的孔体积除以它的比表面积得到的孔直径的大小值。

Средний диаметр пор. Делением объема пор пористого твердого тела на его удельную площадь поверхности получается величина диаметра пор.

催化剂比表面积（specific surface area of catalyst） 催化剂比表面积简称比表面积或比表面，是指单位质量固体催化剂所具有的总表面积。

Удельная поверхность катализатора. Удельная площадь поверхности катализатора называется удельной площадью поверхности или удельной поверхностью, представляет собой общую площадь поверхности твердого катализатора на единицу массы.

催化剂密度（catalyst density；density of catalyst） 催化剂密度指单位体积的催化剂所具有的质量。

Плотность катализатора. Под плотностью катализатора подразумевается масса катализатора на единицу объема.

催化剂堆积密度（packing density of catalyst） 催化剂堆积密度简称催化剂堆比，是以催化剂颗粒按规定条件自由下落堆积，其质量与体积之比，即单位堆积体积（包括微孔体积、骨架体积和颗粒间空隙体积）催化剂所具有的质量。

Насыпная плотность катализатора. Насыпная плотность катализатора называется насыпным весом катализатора, представляет собой отношение массы к объему при свободном накоплении частиц катализатора в соответствии с установленными условиями, а именно вес катализатора на единицу насыпного объема (включая объем микропор, объем скелета и объем пустот между частицами).

松堆密度（loose packing density） 松堆密度指松散装填的固体催化剂单位体积的质量。松堆密度用下式计算：

$$\rho_{松}=(W_2-W_1)/V$$

式中 $\rho_{松}$——松堆密度，g/cm^3；
W_1——测量容器的质量，g；
W_2——催化剂和测量容器的质量，g；
V——催化剂在测量容器中的体积，cm^3。

Неплотная насыпная плотность. Неплотная насыпная плотность представляет собой массу на единицу объема неплотно упакованного твердого катализатора. Неплотная насыпная плотность рассчитывается по следующей формуле:

$$\rho_{непл.}=(W_2-W_1)/V$$

где, $\rho_{непл.}$–Неплотная насыпная плотность, г/см^3;
W_1–Масса емкости, г;
W_2–Масса катализатора и емкости, г;
V–Объем катализатора в емкости, см^3.

紧堆密度（compact packing density） 紧堆密度指紧密装填的固体催化剂单位体积的质量，即一定质量的固体催化剂与其摇实体积的比值。紧堆密度用下式计算：

$$\rho_{紧}=(G_2-G_1)/V$$

式中 $\rho_{紧}$——紧堆密度，g/cm^3；
G_1——测量容器的质量，g；
G_2——催化剂和测量容器的质量，g；
V——催化剂在测量容器中的体积，cm^3。

Плотная насыпная плотность. Плотная насыпная плотность представляет собой массу на единицу объема плотно упакованного твердого катализатора, а именно отношение определенной массы твердого катализатора к его объему, заполненному насадкой. Плотная насыпная плотность рассчитывается по следующей формуле:

$$\rho_{пл.}=(G_2-G_1)/V$$

где, $\rho_{пл.}$–Плотная насыпная плотность, г/см^3;
G_1–Масса емкости, г;
G_2–Масса катализатора и емкости, г;
V–Объем катализатора в емкости, см^3.

颗粒球形度(sphericity) 颗粒球形度指颗粒的周长等效直径与颗粒面积等效直径之比,反映不规则颗粒与球形颗粒之间的接近程度。

Сферичность частиц. Под сферичностью частиц подразумевается отношение эквивалентного диаметра окружности частиц к эквивалентному диаметру площади частиц, означает близость между частицами неправильной формы и сферическими частицами.

金属分散度(dispersion of metals) 金属分散度指暴露在载体表面的金属原子数与催化剂中总的金属原子数的比值。

Дисперсность металлов. Под дисперсностью металлов подразумевается отношение числа атомов металлов на поверхности носителя к общему числу атомов металлов в катализаторе.

催化剂含水量(water content of catalyst) 催化剂含水量指催化剂表面和内部孔道吸附水与催化剂的质量百分比。

Содержание воды в катализаторе. Содержание воды в катализаторе представляет собой процентное соотношение массы адсорбированной воды на поверхности и во внутренних порах катализатора к массе катализатора, высушенного и прокаленного при опредленных условиях.

催化剂抗压碎强度(crushing strength of catalyst) 催化剂抗压碎强度指对被测催化剂均匀施加压力直至颗粒粒片被压碎为止前所能承受的最大压力或负荷。

Прочность катализатора на раздавливание. Прочность катализатора на раздавливание представляет собой максимальное давление или нагрузку, которой подвергается испытуемый катализатор перед применением равномерного давления до тех пор, пока частицы не будут раздавлены.

磨损指数（attrition index） 磨损指数用于表征流化床催化剂的耐磨性能，是在高速空气喷射流的作用下，使微球催化剂呈流化态，导致颗粒的表面磨损和本体碎裂产生细粉而磨损的程度。

Индекс истирания. Индекс истирания используется для характеристики износостойкости псевдоожиженного катализатора, представляет собой степень истирания поверхности частиц и мелкого порошка, образованных разрушением тела из-за псевдоожиженного состояния микросферного катализатора под действием высокоскоростного воздушного потока.

炼油催化剂表征术语

Терминология для характеристики катализатора нефтепереработки

酸性（acidity） 酸性是包含催化剂表面酸性部位的类型、强度和酸量的术语，可采用IR、NMR、TPD等技术定性、定量表征。

Кислотность. Кислотность-это термин, который включает в себя тип, силу и кислотность в кислых частях поверхности катализатора, может быть охарактеризована качественно и количественно с применением показателей IR, NMR, TPD и др.

L酸中心（Lewis acid sites） L酸中心即路易斯酸中心，是能接受电子对的物质。

Кислотный центр Льюиса. Кислотный центр Льюиса является кислотным центром, способным принимать электронные пары.

B酸中心（Bronsted acid sites） B酸中心即布朗斯特酸中心，是能给出质子的酸中心。

Кислотный центр Бренстеда. Кислотный центр Бренстеда является кислотным центром, способным отдавать протоны.

相对结晶度(relative crystallinity)　相对结晶度指在分子筛合成领域,用于描述合成分子筛产品与标准(参比)样品晶相含量的比值,使用XRD表征,以下式表示:相对结晶度 =[产品特征结晶峰面积/标准(参比)样品特征结晶峰面积]×100%。

Относительная кристалличность.　Под относительной кристалличностью подразумевается величина отношения содержания кристаллической фазы в продуктах синтетического молекулярного сита к стандартным (эталонным) образцам в области синтеза различных молекулярных сит, которое характеризуется XRD. Выражение заключается в следующем:
Относительная кристалличность = [Площадь характерного пика кристаллизации продукта/площадь характерного пика кристаллизации стандартного (эталонного) образца]×100%.

晶胞常数(unit cell parameter)　晶胞常数是表示晶胞的形状和大小的6个参数,分别是3条棱边的长度(单位为nm)和3条棱边的夹角。有些文献中的晶胞常数特指晶胞大小,单位为nm。

Параметры элементарной ячейки.　Параметры элементарной ячейки означают 6 параметров, характеризующих форму и размер элементарной ячейки, которые представляют собой длину 3 ребер (в нм) и угол между 3 ребрами. Параметр элементарной ячейки в некоторых литературах конкретно относится к размеру элементарной ячейки, выражается в нм.

光谱技术(spectroscopy technique)　光谱技术是利用波谱学获得催化剂活性中心的性质、反应中间化合物的结构与反应活性、鉴定毒物等信息的技术。光谱技术主要包括红外光谱技术、原位红外光谱技术、紫外光谱技术、拉曼光谱技术。

Методы спектроскопии.　Методы спектроскопии представляют собой методы, использующие спектроскопию для получения информации о свойствах активных центров катализатора, структуре и реакционности промежуточных соединений реакции, идентификации токсинов и т.д. Методы спектроскопии в основном включают в себя метод ИК–спектроскопии, метод ИК–спектроскопии на месте работ, метод ультрафиолетовой спектроскопии, метод рамановской спектроскопии.

核磁共振技术(nuclear magnetic resonance technique) 核磁共振波谱法简称NMR,是利用核磁共振的原理表征固体催化剂的结构信息,反应催化剂表面上吸附分子的动态行为,原位跟踪催化反应的过程,检测反应的过渡态,从分子水平上探索反应的活化历程,获得反应机理方面的技术方法。

Ядерный магнитный резонанс. Спектроскопия ядерного магнитного резонанса, называемая ЯМР-спектроскопия, представляет собой технический метод характеристики структурной информации твердого катализатора, динамического поведения адсорбированных молекул на поверхности реакционного катализатора, отслеживания процесса каталитической реакции на месте, обнаружения переходного состояния реакции, изучения процесса активации реакции на молекулярном уровне и получения механизма реакции в соответствии с принципом ядерного магнитного резонанса.

程序升温分析技术(temperature-programmed analysis technique) 程序升温分析技术是表征催化剂的吸附性能和催化性能的手段,可用于研究催化剂表面上的分子在升温时的脱附行为和各种反应行为。程序升温分析技术主要包括程序升温脱附(TPD)、程序升温还原(TPR)、程序升温氧化(TPO)、程序升温硫化(TPS)、程序升温表面反应(TPSR)。

Температурно-программируемые методы анализа. Температурно-программируемые методы анализа являются средствами для характеристики адсорбционных и каталитических свойств катализатора, могут использоваться для изучения поведения десорбции и различных реакций молекул на поверхности катализатора при нагревании. Температурно-программируемые методы в основном включают в себя температурно-программируемую десорбцию (ТПД), температурно-программируемое восстановление (ТПВ), температурно-программируемое окисление (ТПО), температурно-программируемое сульфирование (ТПС) и программируемую при температуре поверхностную реакцию (ПТПР).

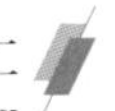

X 射线衍射分析法（X-ray diffraction） X 射线衍射分析法简称 XRD，是利用 X 射线在晶体物质中的衍射效应进行物质结构分析的技术。

Рентгенодифракционный анализ. Рентгенодифракционный анализ (РДА) представляет собой технологию анализа структуры материала с использованием рентгеновского эффекта дифракции в кристаллическом материале.

热分析（thermal analysis） 热分析简称 TA，是在程序控制温度下，测量物质的物理性质与温度关系的一类技术。常用的热分析技术包括差热分析法（DTA）、差示扫描量热法（DSC）和热重法（TG）。

Термический анализ. Термический анализ (ТА) представляет собой методы измерения зависимости физических свойств вещества от температуры при программируемой температуре. Общепринятые методы термического анализа включают в себя дифференциальный термический анализ (ДТА), дифференциальную сканирующую калориметрию (ДСК) и термогравиметрический анализ (ТГА).

炼油催化剂制备词汇

Термины по приготовлению катализатора нефтепереработки

催化剂载体词汇

Термины носителей катализатора

催化剂载体（catalyst support） 催化剂载体又称催化剂担体，是催化剂中承载活性组分的物质。

Носитель катализатора. Носитель катализатора, также называемый подложкой катализатора, представляет собой вещество, несущее активный компонент в катализаторе.

氧化铝（alumina） 氧化铝（Al_2O_3）是刚玉的主要成分，也以水合物形式存在于铝土矿中。可以用作吸附剂、催化剂及催化剂载体。按照制备条件分为高温氧化铝（$\kappa-Al_2O_3$、$\delta-Al_2O_3$、$\theta-Al_2O_3$）和低温氧化铝（$\gamma-Al_2O_3$、$\rho-Al_2O_3$、$\chi-Al_2O_3$、$\eta-Al_2O_3$）。

Оксид алюминия. Оксид алюминия (Al_2O_3) является основным компонентом корунда, также содержится в боксите в виде гидрата, он может использоваться в качестве адсорбента, катализатора и носителя катализатора. В соответствии с условиями приготовления он делится на высокотемпературный оксид алюминия ($\kappa-Al_2O_3$, $\delta-Al_2O_3$, $\theta-Al_2O_3$) и низкотемпературный оксид алюминия ($\gamma-Al_2O_3$, $\rho-Al_2O_3$, $\chi-Al_2O_3$, $\eta-Al_2O_3$).

氢氧化铝（aluminum hydroxide） 氢氧化铝也称作水合氧化铝、含水氧化铝或氧化铝水合物，化学组成为 $Al_2O_3 \cdot nH_2O$，依据所含结晶水数目不同，分为三水氧化铝及一水氧化铝两类。氢氧化铝的详细分类如图 1–4 所示。

Гидроокись алюминия. Гидроокись алюминия также называется гидратным глиноземом, водной окисью алюминия или гидратом оксида алюминия, химическая формула следующая: $Al_2O_3 \cdot nH_2O$. В зависимости от количества содержащейся кристаллизованной воды он делится на две категории: тригидрат оксида алюминия и моногидрат оксида алюминия. Подробная классификация гидроксида алюминия показана на рисунке 1–4.

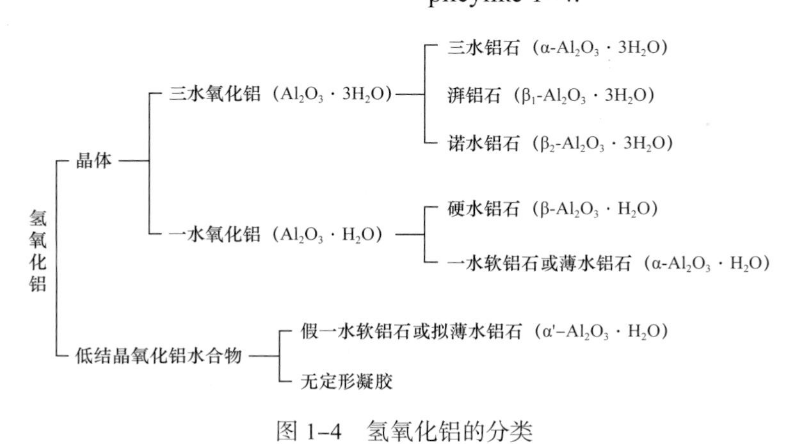

图 1–4 氢氧化铝的分类

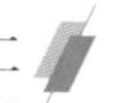

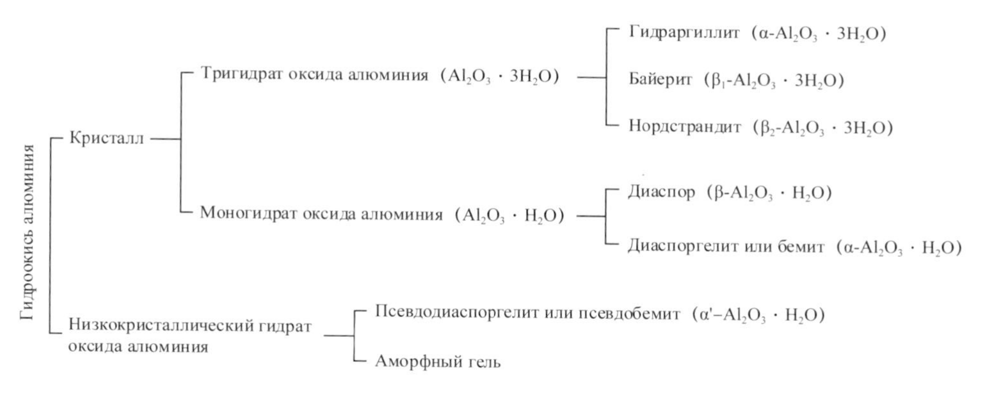

Рисунок 1–4 Классификация гидроксида алюминия

沸石(zeolite) 沸石是一种多孔的硅铝酸盐晶体,存在均匀的空腔和孔道,是具有筛分分子、吸附、离子交换和催化作用的天然物质。
沸石硅铝酸盐,其晶体结构由硅氧四面体(SiO_4)和铝氧四面体(AlO_4)组成,这些四面体由共同的顶点连接在一起,形成一个三维框架,充满空腔和通道,使其具有选择性离子交换的特性。

Цеолит. Цеолиты представляют собой пористые алюмосиликатные кристаллы, в которых существуют однородные полости и каналы, являются природными веществами, характеризующимися просеиванием молекул, адсорбцией, ионным обменом и катализом. Цеолиты алюмосиликаты, кристаллическая структура которых образована тетраэдрами (SiO_4) и (AlO_4), объединенными общими вершинами в трехмерный каркас, пронизанный полостями и каналами, что придает свойства селективных ионообменников.

分子筛(molecular sieve) 分子筛是具有均一微孔结构、孔穴直径大小均匀,具有筛分分子、吸附、离子交换和催化作用的人工合成的物质。分子筛骨架的最基本结构是硅氧四面体(SiO_4)和铝氧四面体(AlO_4)。

Молекулярное сито. Молекулярное сито представляет собой синтетическое вещество, характеризующееся однородной микропористой структурой, одинаковыми диаметрами пор, и способностью избирательно адсорбировать молекулы. Для молекулярных сит характерны адсорбция, ионный обмен и катализ. Самая основная структура каркаса молекулярного сита–кремний–кислородные тетраэдры (SiO_4) и алюминий–кислородные тетраэдры (AlO_4).

X 型分子筛(X zeolite) X 型分子筛是具有八面沸石(FAU)结构的属于立方晶系的分子筛。其单胞组成为 $Na_n[Al_nSi_{192-n}O_{384}]\cdot xH_2O$, X 型分子筛的 n 值为 77～96, Si/Al 为 1.0～1.5。

Молекулярное сито типа X. Молекулярное сито типа X представляет собой молекулярное сито со структурой фоязита (FAU), принадлежащее к системе кубических кристаллов. Одноклеточный состав – $Na_n[Al_nSi_{192-n}O_{384}]\cdot xH_2O$, значение n молекулярного сита типа X составляет 77–96, отношение Si/ Al составляет 1,0–1,5.

Y 型分子筛(Y zeolite) Y 型分子筛是具有八面沸石(FAU)结构的属于立方晶系的分子筛。其单胞组成为 $Na_n[Al_nSi_{192-n}O_{384}]\cdot xH_2O$, Y 型分子筛的 n 值为 48～76, Si/Al 为 1.5～3.0。

Молекулярное сито типа Y. Молекулярное сито типа Y представляет собой молекулярное сито со структурой фоязита (FAU), принадлежащее к системе кубических кристаллов. Одноклеточный состав – $Na_n[Al_nSi_{192-n}O_{384}]\cdot xH_2O$, значение n молекулярного сита типа Y составляет 48–76, отношение Si/Al составляет 1,5–3,0.

改性 Y 型分子筛(modified Y–type zeolite) 改性 Y 型分子筛是对 Y 型分子筛通过脱铝、扩孔、引入金属组分等手段进行改性处理制得的分子筛。

Модифицированное молекулярное сито типа Y. Модифицированное молекулярное сито типа Y представляет собой молекулярное сито, полученное модификацией молекулярного сита типа Y путем алюминирования, расширения пор и добавления металлических компонентов.

高硅 Y 型分子筛(high silicon Y–type zeolite) 一般将晶胞常数低于 2.455nm 的 Y 型分子筛称为高硅 Y 型分子筛,其骨架硅铝比为 5～100,通过脱铝工艺制备。

Молекулярное сито типа Y с высоким содержанием кремния. Под молекулярным ситом типа Y с высоким содержанием кремния подразумевается молекулярное сито типа Y с постоянной кристаллической ячейки ниже 2,455нм, отношение Si/Al составляет 5–100, которое достигается методом деалюминирования.

β分子筛(β zeolite) β分子筛是一类没有笼形结构,孔径较大,具有三维十二元环交叉孔道结构的高硅分子筛,其理想晶胞组成为 $Na_n[Al_nSi_{64-n}O_{128}]$, n 代表晶胞中的Al原子数, $n<7$。

Молекулярное сито типа Бета. Молекулярное сито типа Бета представляет собой молекулярное сито с высоким содержанием кремния без клеточной структуры, с большим размером пор и трехмерными двенадцатиэлементными кольцевыми перекрестными каналами. Идеальный состав кристаллической ячейки $Na_n[Al_nSi_{64-n}O_{128}]$, n представляет количество атомов Al в кристаллической ячейке, и $n<7$.

ZSM-5分子筛(ZSM-5 zeolite) ZSM-5分子筛是一类由硅氧四面体和铝氧四面体组成具有MFI结构的分子筛,属正交晶系,其理想晶胞组成为 $Na_n[Al_nSi_{96-n}O_{192}]\cdot 16H_2O$, n 代表晶胞中的Al原子数,可以从0变到20。它的每个晶胞含有96个硅(铝)氧四面体,通过共用顶点氧桥形成五元环,依次连接形成两个相交、孔口为十元环的孔道体系。

Молекулярное сито типа ZSM-5. Молекулярное сито ZSM-5 представляет собой молекулярное сито со структурой MFI, состоящее из кремний-кислородных тетраэдров и алюминий-кислородных тетраэдров, принадлежит к ортогональной кристаллической системе. Идеальный состав кристаллической ячейки $Na_n[Al_nSi_{96-n}O_{192}]\cdot 16H_2O$. n представляет количество атомов Al в кристаллической ячейке и может изменяться в пределах 0–20. Каждая из его кристаллических ячеек содержит 96 кремний (алюминий) – кислородных тетраэдров, которые образуют пятиэлементные кольца через общий вершинный кислородный мостик, соединяющиеся и образующие две системы десятиэлементных перекрестных каналов.

ZSM-22分子筛（ZSM-22 zeolite） ZSM-22分子筛是一类由硅氧四面体和铝氧四面体组成具有TON结构的分子筛，属正斜方晶系，骨架结构中含有五元环、六元环和十元环结构，其中由十元环组成的一维孔道为互不交联的平行孔道，孔口为椭圆形。

Молекулярное сито типа ZSM-22. Молекулярное сито типа ZSM-22 представляет собой молекулярное сито со структурой TON, состоящее из кремний-кислородных тетраэдров и алюминий-кислородных тетраэдров, принадлежит к прямоугольной квадратной кристаллической системе, в структуре скелета существуют пятиэлементное, шестиэлементное и десятиэлементное кольца, среди них, одномерные каналы, состоящие из десятиэлементных колец, являются не взаимосвязанными параллельными каналами с эллиптическим отверстием.

ZSM-23分子筛（ZSM-23 zeolite） ZSM-23分子筛是具有MTT型拓扑骨架结构的分子筛，骨架结构中包含五元环、六元环和十元环，由十元环组成的一维孔道为互不交联的平行孔道，无类似MFI结构分子筛的交叉孔道结构。

注：该分子筛的十元环孔口为立体波状，横截面为泪珠状。

Молекулярное сито типа ZSM-23. Молекулярное сито типа ZSM-23 представляет собой молекулярное сито с топологической структурой скелета типа MTT, в структуре скелета существуют пятиэлементные кольца, шестиэлементные кольца и десятиэлементные кольца. Одномерные каналы, состоящие из десятиэлементных колец, являются не взаимосвязанными параллельными каналами без структуры перекрестных каналов, аналогичной молекулярному ситу со структурой MFI.

Примечание: Десятиэлементное кольцевое отверстие этого типа молекулярного сита стереоволнообразное, а поперечное сечение слезообразное.

ZSM-35分子筛（ZSM-35 zeolite） ZSM-35分子筛也称镁碱沸石，具有FER型拓扑骨架结构，属正交晶系，含有以八元环和十元环垂直交叉的二维孔道。硅铝比为20～90，孔径为0.5～0.6nm。

Молекулярное сито типа ZSM-35. Молекулярное сито типа ZSM-35 также называется ферьеритом, представляет собой молекулярное сито с топологической структурой скелета типа FER, принадлежит к ортогональной кристаллической системе, в структуре существуют двумерные каналы, образующиеся из восьмиэлементных колец и десятиэлементных колец. Отношение Si/Al составляет 20–90, размер пор составляет 0,5–0,6 нм.

SAPO分子筛（SAPO zeolite） SAPO分子筛是磷酸硅铝分子筛的简称，是将磷元素引入硅铝分子筛骨架中，合成的一种由硅氧四面体、铝氧四面体和磷氧四面体构成的分子筛。

Молекулярное сито типа SAPO. Молекулярное сито типа SAPO–это сокращенное наименование молекулярного сита кремнийалюмофосфат, состоящего из кремний-кислородных тетраэдров, алюминий-кислородных тетраэдров и фосфорно-кислородных тетраэдров путем введения фосфора в скелет алюмосиликатного молекулярного сита.

丝光沸石（mordenite） 丝光沸石是骨架结构类型为MOR的一类分子筛，空间群以Cmcm表示，晶胞化学式为［$Na_8(H_2O)_{24}$］［$Si_{40}Al_8O_{96}$］。

Мерсерит. Мерсерит представляет собой один из молекулярных сит со скелетной структурой типа MOR, пространственная группа (кристаллографическая группа) которого выражается в Cmcm, химическая формула кристаллической ячейки следующая: ［$Na_8(H_2O)_{24}$］［$Si_{40}Al_8O_{96}$］.

EUO 分子筛（EUO zeolite） EUO 分子筛是骨架结构类型为 EUO 的一类分子筛，空间群以 Cmme 表示，晶胞化学式为［$Na_n(H_2O)_{26}$］［$Al_nSi_{112-n}O_{224}$］，具有十元环孔道结构。

注：最典型的 EUO 分子筛为 EU-1 型分子筛。

Молекулярное сито типа EUO. Молекулярное сито типа EUO представляют собой молекулярное сито, имеющее десятиэлементные кольцевые каналы со скелетной структурой типа EUO, пространственная группа которого выражается в Cmme, химическая формула кристаллической ячейки следующая: ［$Na_n(H_2O)_{26}$］［$Al_nSi_{112-n}O_{224}$］.

Примечание: Самое типичное молекулярное сито типа EUO – молекулярное сито типа EU-1.

活性炭（activated carbon） 活性炭是以煤或植物（木材、竹材、果壳等）为原料制成的具有多微孔的炭材料，常用的活性炭为粉末状和条状，其孔分布从纳米级至微米级，比表面积可达 500～1000m^2/g。

注：活性炭可用作吸附剂、净化剂、催化剂载体等。

Активированный уголь. Активированный уголь представляет собой углеродный материал со множеством микропор, изготовленный из угля или растений (дерево, бамбук, фруктовая шелуха и т. д.). Общепринятым активированным углем является порошкообразный и полосчатый активированный уголь с распределением пор от *нм* до *мкм* и удельной поверхностью 500–1000 $м^2$/г.

Примечание: Активированный уголь может использоваться в качестве адсорбента, очищающего агента, носителя катализатора и т. д.

硅胶（silica） 一种坚硬无定形链状或网状结构的硅酸聚合物颗粒，是一种高活性吸附材料，属非晶态物质，分子式为 $mSiO_2 \cdot nH_2O$。

Оксид кремния. Оксид кремния представляет собой твердые, аморфные, цепочные или сетчатые частицы полимеров кремниевой кислоты, являясь высокоактивным адсорбционным материалом, принадлежащим к акристаллическому веществу, молекулярная формула $mSiO_2 \cdot nH_2O$.

硅酸铝(aluminium silicate) 含有Al和Si四配位四面体的三元氧化物。在结晶硅酸铝中微孔沸石是多相催化剂最主要的材料。

Силикат алюминия. Силикат алюминия представляет собой трехкомпонентный оксид, содержащий четырехкомпозиционные тетраэдры Al и Si. В кристаллическом силикате алюминия микропористый цеолит является основным материалом многофазного катализатора.

硅藻土(diatomaceous earth) 一种白色或浅黄色粉状硅质岩石,硅藻含量达70%～90%。主要矿物成分为蛋白石,常混有碳酸盐和黏土物质。

Диатомит. Диатомит представляет собой белые или светло-желтые порошковые кремнистые породы с содержанием диатомита 70%-90%. Основным минеральным компонентом является опал , часто смешанный с карбонатами и глинами.

离子交换树脂(ion exchange resin) 离子交换树脂是指分子中含有活性基团而能与其他物质进行离子交换的树脂,大都是苯乙烯与二乙烯基苯的共聚物。

Ионообменная смола. Ионообменная смола является смолой, которая содержит активную группу и может осуществлять ионный обмен с другими веществами, в основном представляет собой сополимеры стирола и диэтилена бензола.

复合载体(composite carrier) 复合载体在炼油的加氢领域通常指由两种及以上氧化物组成的催化剂载体。

Композитный носитель. Композитный носитель, используемый для приготовления катализаторов для процессов нефтепереработки, обычно представляет собой носитель катализатора, состоящий из двух и более оксидов.

交联黏土(cross-linked clay) 利用黏土层间阳离子水合—脱水及与溶液中的其他离子进行交换的特性,以天然黏土为原料,向其中引入交联剂制备得到的黏土称为交联黏土。

Сшитая глина. Глина получается на основе естественной глины с добавкой сшивающего агента с использованием свойств гидрогидратации и обезвоживания катионов между слоями глины и обмена с другими ионами в растворе.

水滑石类阴离子黏土(hydrotalcite-like anionic clay) 水滑石是一种层柱状材料,其分子式可以写成 $Mg_6Al_2(OH)_{16}CO_3 \cdot 4H_2O$,具有水镁石 $Mg(OH)_2$ 型正八面体结构。正八面体中心为 Mg^{2+},六个顶点为 OH^-,相邻的八面体通过共边形成层。层与层间对顶地叠在一起,层间通过氢键缔合。由于水滑石层是碱性的,而引入的杂多酸柱又具有酸性,潜在存在酸碱协同催化的功能。

Анионная глина типа гидроталькита. Гидроталькит представляет собой слоистый столбчатый материал с молекулярной формулой $Mg_6Al_2(OH)_{16}CO_3 \cdot 4H_2O$, он имеет правильную октаэдрическую структуру типа брусита $Mg(OH)_2$. В центре правильного октаэдра расположен ион Mg^{2+}, в шести вершинах–ионы OH^-, соседние октаэдры, имеющие общие ребра, образуют слой. Слои лежат друг над другом и связаны водородными связями. Поскольку слой гидроталькита щелочной, после введения гетерополикислоты глину можно использовать в кислотно–основном катализе.

稀土材料(rare earth materials) 稀土材料是指以镧(La)、铈(Ce)、镨(Pr)、钕(Nd)、钐(Sm)、铕(Eu)、钆(Gd)、铽(Tb)、镝(Dy)、钬(Ho)、铒(Er)、铥(Tm)、镱(Yb)、镥(Lu)、钇(Y)、钷(Pm)、钪(Sc)等17种稀土元素制备的催化材料。

Редкоземельные материалы. Редкоземельные материалы представляют собой каталитические материалы, содержащие 17 редкоземельных элементов, таких как лантан (La), церий (Ce), празеодим (Pr), неодим (Nd), самарий (Sm), европий (Eu), гадолиний (Gd), тербий (Tb), диспрозий (Dy), гольмий (Ho), эрбий (Er), тулий (Tm), иттербий (Yb), лютеций (Lu), иттрий (Y), прометий (Pm), скандий (Sc).

催化剂制备方法相关词汇

Соответствующие термины по методам приготовления катализатора

浸渍法(impregnation) 浸渍法是将一种或几种活性组分通过浸渍负载在载体上的方法,是制造固体催化剂的方法之一。主要包括溶液浸渍及气相浸渍。浸渍法生产催化剂的工艺流程如图1-5所示。

Пропитка. Пропитка представляет собой метод нанесения одного или нескольких активных компонентов на носитель путем пропитки раствором или газом, является одним из методов изготовления твердых катализаторов. Технологический процесс производства катализатора методом пропитки показан на рисунке 1-5.

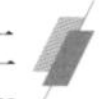

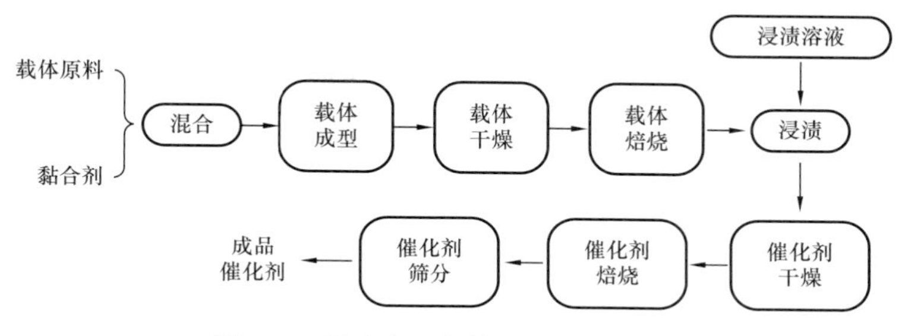

图 1-5 浸渍法生产催化剂的工艺流程

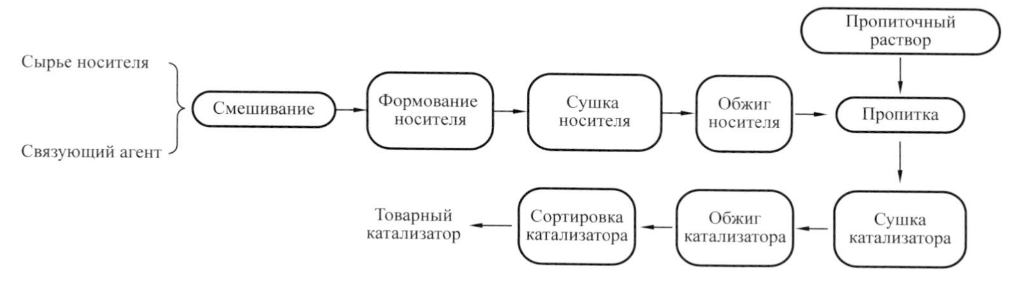

Рисунок 1-5 Технологический процесс производства катализатора методом пропитки

饱和浸渍(saturated impregnation) 饱和浸渍又称等体积浸渍、无过剩溶液润湿浸渍(incipient wetness impregnation)或孔体积浸渍(pore volume impregnation),是指浸渍液的用量恰好等于载体吸水率的浸渍过程。

Пропитка по влагоемкости. Пропитка по влагоемкости или пропитка по объему пор представляет собой процесс пропитки, в котором объем пропиточного раствора равен объему водопоглощения носителя.

过饱和浸渍(supersaturated impregnation) 过饱和浸渍又称过量浸渍,是指浸渍液的用量远大于载体吸水量的浸渍过程。

Пропитка с избытком раствора. Пропитка с избытком раствора представляет собой процесс пропитки, в котором объем пропиточного раствора намного превышает объем водопоглощения носителя.

溶胶凝胶法(sol-gel process) 溶胶凝胶法指无机物或金属醇盐经过溶液、溶胶、凝胶而固化,再经热处理而形成氧化物或其他化合物固体的方法。

Золь-гель метод. Золь-гель метод относится к методу, при котором неорганические вещества или алкоксиды металлов образуют золь с последующим переходом в гель, а затем подвергаются термообработке с образованием оксидов или других сложных твердых веществ.

离子交换法（ion exchange method） 离子交换法是将活性组分通过离子交换负载在载体上，制得催化剂的制备方法。

Ионообменный метод. Метод ионного обмена представляет собой метод приготовления катализатора, при котором нанесение активных компонентов на носитель происходит посредством обмена ионов.

共沉淀法（coprecipitation method） 共沉淀法是将含有两种以上金属离子的混合溶液与一种沉淀剂作用，共同形成含有几种金属组分的沉淀物的催化剂制备方法。

Метод соосаждения. Метод соосаждения представляет собой метод приготовления катализатора, при котором смешанный раствор, содержащий два или более ионов металлов, взаимодействует с осадителем с совместным образованием осадка, содержащего несколько металлических компонентов.

混合法（mixing method; syncretic theories） 混合法是将两种或两种以上活性组分经机械混合后经成型、干燥、焙烧等操作制备催化剂的一种方法。

Метод смешения. Метод смешения представляет собой способ приготовления катализаторов путем механического смешивания двух или более активных компонентов с последующими формованием, сушкой, обжигом и т.п.

熔融法（fusion method） 熔融法是在高温条件下，进行催化剂组分的熔合，使其成为均匀的混合体、合金固溶体或氧化物固溶体。

Метод сплавления. Метод сплавления заключается в сплавлении компонентов катализатора при высокой температуре для получения однородной смеси, твердого раствора сплава или твердого раствора оксида.

喷雾干燥法（spray drying method） 喷雾干燥法是采用雾化器将原料浆液分散成雾滴，并用热风干燥成型生产固体催化剂的方法。主要用于生产粉状、微球状产品。

Метод распылительной сушки. Метод распылительной сушки представляет собой метод производства твердого катализатора путем диспергирования суспензии в виде капель и сушки горячим воздухом.

压缩成型法（compression molding） 压缩成型法是将载体或催化剂的粉体放在一定形状、封闭的模具中，通过外部施加压力，使粉体团聚、成型的固体催化剂制备方法。

Компрессионное формование. Компрессионное формование представляет собой метод приготовления твердого катализатора, при котором носителю или катализатору придают определенную форму, используя внешнее давление.

挤出成型（extrusion molding） 将制备催化剂或载体的粉体与适量的助剂和酸溶液充分捏合后，湿物料送入挤条机，在外部挤压力作用下，以与模具孔板开孔相同的截面形状（如圆柱形、三叶形、四叶形等）从另一端排出的过程称为挤出成型。

Экструзионное формование. Процесс получения пластической массы катализатора одинаковой формы поперечного сечения (например, цилиндрической, трилистниковой, четырёхлопастной и т. д.) с помощью экструдера путем выдавливания из отверстия пресс–формы (под действием внешнего экструзирующего давления) смеси катализатора или носителя с соответствующим количеством добавок и кислотным раствором.

转动成型（turntable to prepare pellets） 转动成型是使粉末逐渐润湿而聚集成球，操作是在一个围绕着倾斜轴旋转的滚球机中完成的。当球直径达到一定大小时，在离心力的作用下被逐出，成型球可直接进入干燥活化工序。

Ротационное формование. Ротационное формование заключается в постепенном смачивании порошков и формирования шариков в машине для катания шариков, вращающейся вокруг наклонной оси. Когда диаметр шарика достигает определенного размера, он выталкивается под действием центробежной силы, сформированный шарик далее может быть подвержен сушке и активации.

干燥（drying） 又称加热去湿法，指采用某种加热方式将热量传给物料，使湿物料中湿分汽化并被分离，从而获得含湿分较少的固体干物料。

Сушка. Также называется методом удаления влаги с использованием тепловой энергии. Сушка заключается в получении твердого сухого материала с меньшим содержанием влаги путем передачи тепла материалу с применением определенного метода нагрева для испарения и отделения влаги из материала.

切粒(cut into granular) 切粒指将干燥后的长条载体经切粒设备(如滚筒式切粒机)切粒,获得一定规格(3～8mm)的小条状载体的操作过程。

Гранулирование. Гранулирование представляет собой процесс получения небольших гранул носителя определенной длины (3–8 мм) из высушенного длинномерного носителя с использованием оборудования для резки гранул (например, гранулятор барабанного типа).

筛分(sieving) 筛分指按所要求的颗粒大小,选择筛孔尺寸不同的筛子将固体物料分开的操作。

Просеивание. Просеивание представляет собой процесс разделения твердых материалов по требуемому размеру частиц с помощью сит с соответствующими размерами отверстий.

催化剂焙烧(catalyst roasting) 催化剂焙烧指催化剂在空气或惰性气流中进行热处理的过程。

Обжиг катализатора. Обжиг катализатора представляет собой процесс термообработки катализатора в воздухе или в инертном газе.

载体改性(carrier modification) 载体改性指针对催化剂载体孔结构的调变和表面性质的改性过程。

Модификация носителя. Модификация носителя в основном представляет собой процесс модификации пористой структуры и поверхностных свойств носителя катализатора.

活性恢复技术(regeneration) 活性恢复技术指为了使催化剂重复使用,对失活催化剂进行技术处理,使其催化活性得以恢复的技术。

Технология восстановления активности/регенерация. Технология восстановления активности/регенерация является технологией для регенерации инактивированного катализатора для повторного его использования.

催化剂制备设备词汇

Термины по оборудованию для приготовления катализатора

捏合机(kneader) 捏合机是利用机械搅拌使黏性、糊状或塑性物料均匀混合的设备。通常包括双轴式捏合机和转子式捏合机。双轴式捏合机如图 1–6 所示,转子式捏合机如图 1–7 所示。

Смеситель. Смеситель является устройством, которое использует механическое перемешивание для равномерного смешивания вязких, пастообразных или пластичных материалов, обычно включает в себя двухосный смеситель и роторный смеситель. Двухосный смеситель показан на рисунке 1–6, роторный смеситель показан на рисунке 1–7.

图 1-6 双轴式捏合机

Рисунок 1-6 Двухосная кнетмашина

图 1-7 转子式捏合机

Рисунок 1-7 Роторная кнетмашина

挤条机(article squeeze machine) 挤条机是固体催化剂或其载体成型的专用设备,常用的包括液压式挤条机、单螺杆挤条机及双螺杆挤出机。液压式挤条机如图 1-8 所示,单螺杆挤条机如图 1-9 所示,双螺杆挤条机如图 1-10 所示。

Экструдер. Экструдер представляет собой специальное оборудование для формования твердого катализатора или носителя. Обычно используют гидравлический экструдер, одношнековый экструдер и двухшнековый экструдер. Гидравлический экструдер показан на рисунке 1-8, одношнековый экструдер показан на рисунке 1-9, двухшнековый экструдер показан на рисунке 1-10.

图 1-8　液压式挤条机
Рисунок 1-8　Гидравлический экструдер

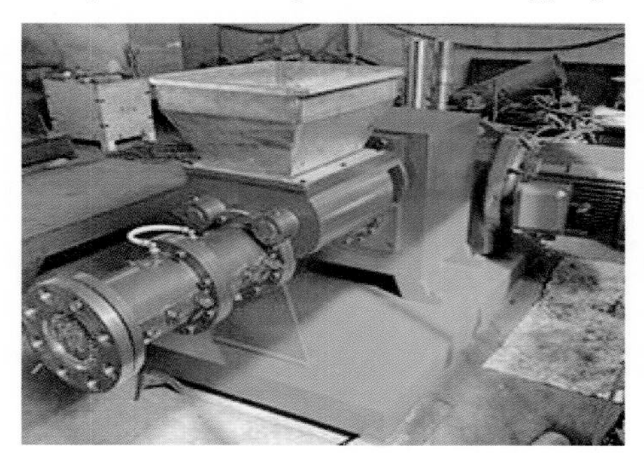

图 1-9　单螺杆挤条机
Рисунок 1-9　Одношнековый экструдер

图 1-10　双螺杆挤条机
Рисунок 1-10　Двухшнековый экструдер

干燥器(desiccator)　干燥器是通过加热、振动等方式将热量传递给含水物料使水分蒸发分离的一种设备，主要包括厢式干燥器、网带干燥器、滚筒干燥器、振动流化床干燥器等。厢式干燥器如图 1–11 所示，网带干燥器如图 1–12 所示，滚筒干燥器如图 1–13 所示，振动流化床干燥器如图 1–14 所示。

Сушильный аппарат. Сушильный аппарат представляет собой оборудование, которое передает материалам тепло посредством нагрева, вибрации и т. д. для испарения и отделения влаги. В основном используют сушильный шкаф (рисунок 1–11), ленточную сушилку (рисунок 1–12), барабанную сушилку (рисунок 1–13) и вибрационную сушилку с псевдоожиженным слоем (рисунок 1–14).

图 1–11　厢式干燥器

Рисунок 1–11　Шкафная сушилка

图 1–12　网带干燥器

Рисунок 1–12　Ленточная сушилка

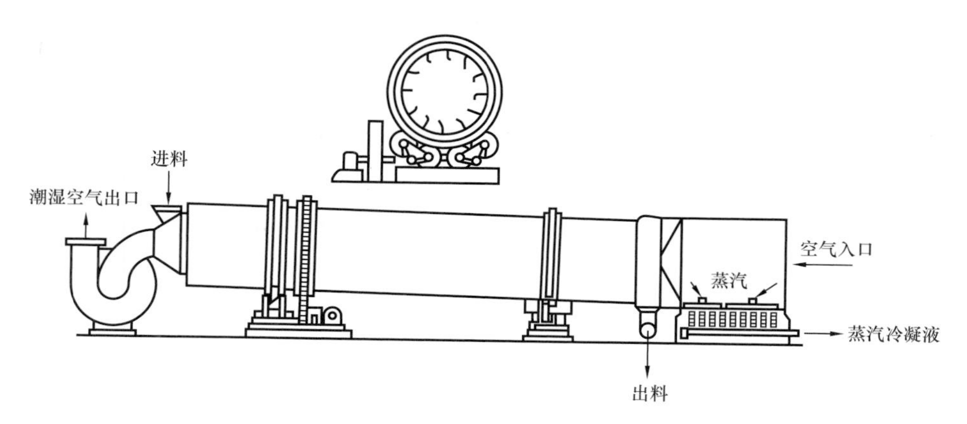

图 1–13　滚筒干燥器

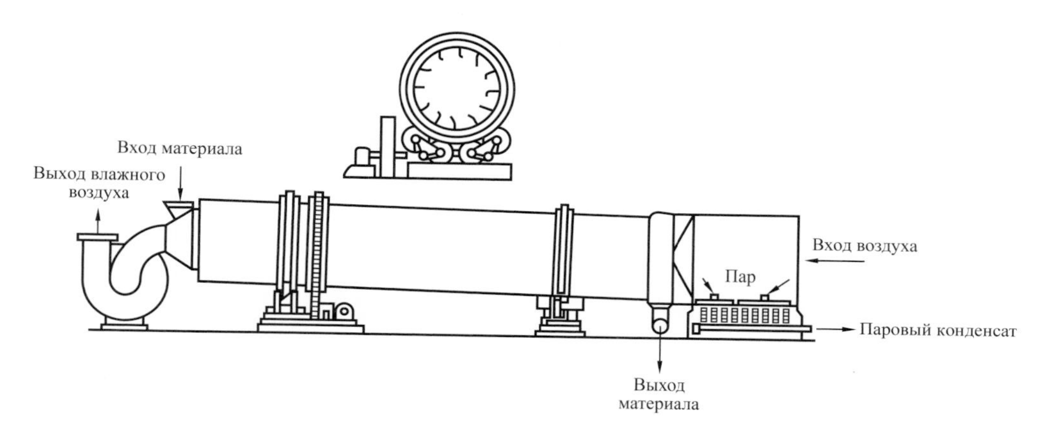

Рисунок 1–13　Барабанная сушилка

图 1–14　振动流化床干燥器
Рисунок 1–14　Вибрационная сушилка с псевдоожиженным слоем

切 粒 机（slitter; bar cutting machine; pelletizer） 切粒机是用于将长条形的催化剂及载体进行切粒操作的设备，常见的包括滚筒式切粒机、螺旋切粒机。滚筒式切粒机如图 1–15 所示，螺旋切粒机如图 1–16 所示。

Гранулятор. Гранулятор представляет собой устройство для гранулирования катализаторов и носителей. К наиболее распространенным из них относятся барабанный гранулятор (рисунок 1–15) и шнековый (спиральный) гранулятор (рисунок 1–16).

图 1–15 滚筒式切粒机
Рисунок 1–15 Барабанный гранулятор

图 1–16 螺旋切粒机
Рисунок 1–16 Шнековый гранулятор

振动筛（vibrating screen） 振动筛是靠机械作用产生快速振动的一种筛分设备，常见的振动筛包括分级直线振动筛、圆形振动筛。分级直线振动筛如图 1–17 所示，圆形振动筛的实物及其结构如图 1–18 所示。

Вибросито. Вибрационное сито представляет собой просеивающее оборудование, которое использует механическое воздействие для создания быстрой вибрации. Распространенными вибрационными ситами являются линейные и круглые вибросита. Линейное вибросито показано на рисунке 1–17, изображение и структура круглого вибросита показаны на рисунке 1–18.

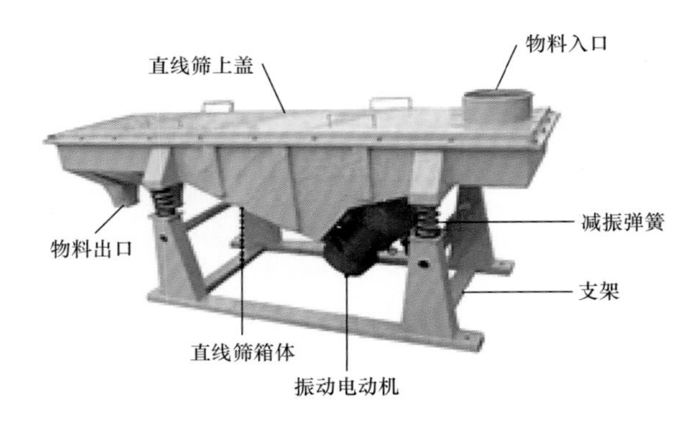

图 1–17 分级直线振动筛

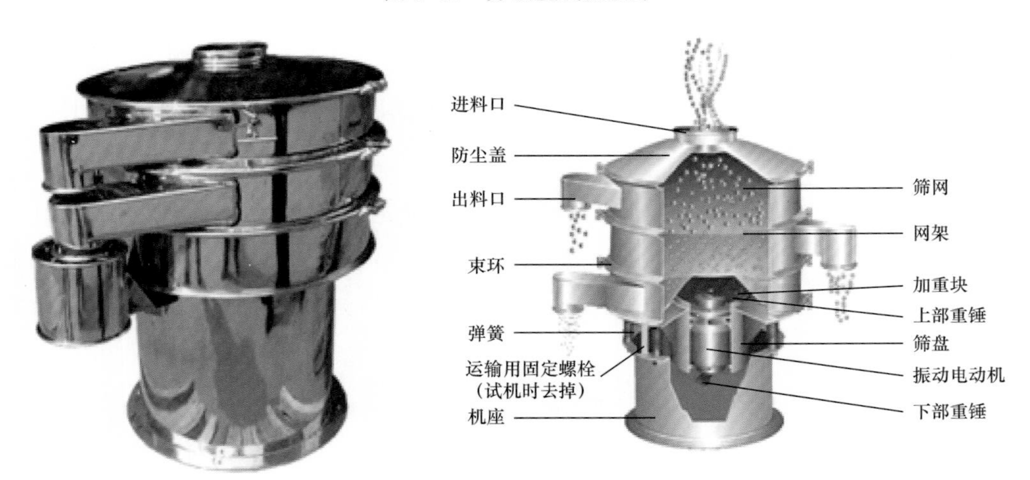

图 1–18 圆形振动筛实物及结构示意图

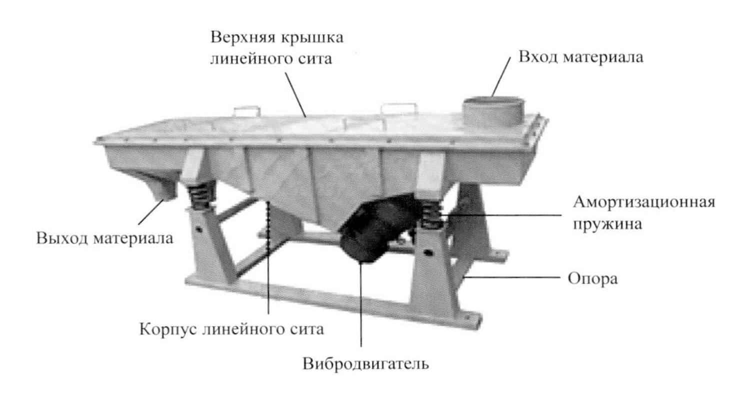

Рисунок 1–17　Вибросито с линейной сортировкой

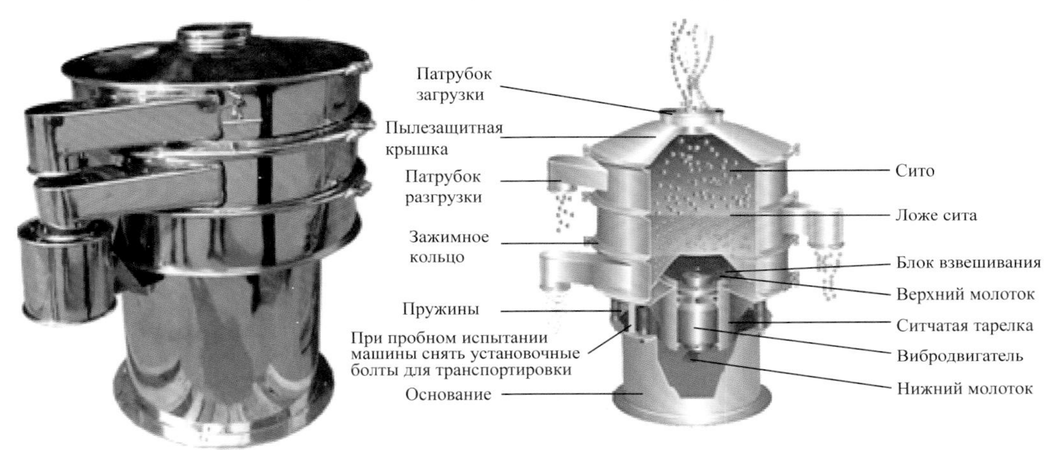

Рисунок 1–18　Изображение и структурная схема круглого вибросита

转鼓(rotary drum)　转鼓是一种用于固体催化剂活性组分浸渍过程的设备。催化剂浸渍设备——转鼓如图 1–19 所示。

Роторный барабан.　Роторный барабан представляет собой оборудование, используемое в процессе пропитки твердого катализатора. Оборудование для пропитки катализатора–роторный барабан показано на рисунке 1–19.

窑炉(kiln)　窑炉是一种用于催化剂和载体焙烧的设备,包括辊道窑、网带退火窑、回转窑。辊道窑如图 1–20 所示,网带退火窑如图 1–21 所示,回转窑如图 1–22 所示。

Печь.　Это оборудование для обжига катализаторов и носителей, включает в себя печь с роликовым подом, ленточную печь, барабанную печь. Печь с роликовым подом показана на рисунке 1–20; ленточная печь для отжига показана на рисунке 1–21; барабанная печь показана на рисунке 1–22.

图 1–19　转鼓

Рисунок 1–19　Роторный барабан

图 1–20　辊道窑

Рисунок 1–20　Печь с роликовым подом

图 1–21　网带退火窑

Рисунок 1–21　Ленточная печь

图 1–22　回转窑
Рисунок 1–22　Барабанная печь

高压釜(high–pressure autoclave)　高压釜是在高压下用于催化材料合成的一种反应器。

Реактор высокого давления/автоклав.　Реактор высокого давления/автоклав представляет собой реактор, используемый для синтеза каталитических материалов под высоким давлением.

炼油催化剂工业应用词汇

Термины по промышленному применению катализаторов нефтепереработки

反应器空高(net height of the reactor)　反应器空高指反应器入口分配器上界面(O形密封圈位置)至反应器底部出口收集器上界面(上部的格栅板)的高度差。由反应器空高减去反应器入口分配器、分配盘、支撑钢梁、冷氢箱、格栅板等内构件的高度,可测算催化剂的有效装填体积。

Чистая высота реактора.　Под чистой высотой реактора подразумевается разница высот между верхней границей распределителя на входе реактора (на положении O–образного уплотнительного кольца) и верхней границей приемного устройства на выходе нижней части реактора (на положении верхней решетчатой пластины). За вычетом высоты распределителя на входе реактора, распределительного диска, опорной стальной балки, резервуара для жидкого водорода, решетчатой пластины и других внутренних элементов из чистой высоты ректора рассчитывается эффективный объем заполнения катализатора.

自然装填(sock loading) 自然装填又称袋式装填法,是采用自然装填设备将催化剂装填入反应器相应位置的操作。自然装填操作示意图如图 1–23 所示。

Загрузка через рукав. Загрузка через рукав также называется методом заполнения мешком, представляет собой операцию заполнения катализатора в соответствующее положение реактора с использованием оборудования для загрузки через рукав. Схема загрузки через рукав показана на рисунке 1–23.

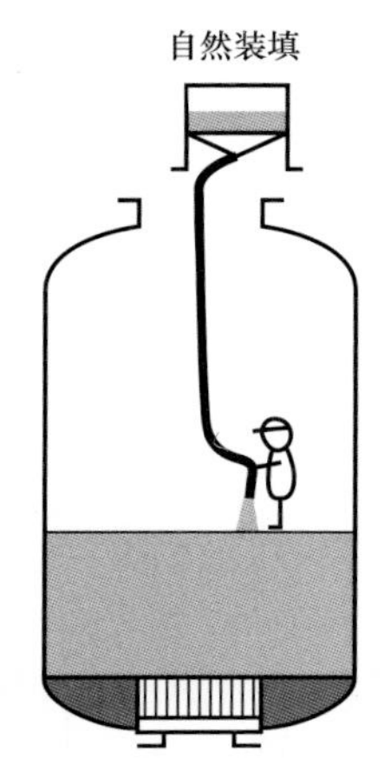

图 1–23 自然装填操作示意图

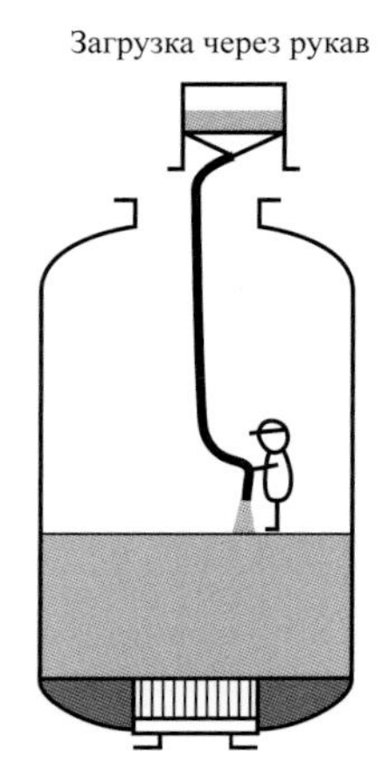

Рисунок 1–23 Схема загрузки через рукав

密相装填(dense phase loading) 密相装填是采用专业的密相装填设备,将催化剂密实、均匀地装填入反应器相应位置的操作。密相装填操作示意图如图 1–24 所示。

Плотная загрузка. Плотная загрузка представляет собой операцию плотного и равномерного заполнения катализатора в соответствующее положение реактора с использованием специлизированного оборудования для плотной загрузки. Схема плотной загрузки показана на рисунке 1–24.

密相装填器(dense phase loading equipment) 工业催化剂在反应器中进行密相装填操作的核心设备,是炼油催化剂公司或催化剂装填公司的专利设备。

Оборудование для плотной загрузки. Основным оборудованием для плотной загрузки промышленных катализаторов в реакторе является патентное оборудование компании по катализаторам нефтепереработки или компании по загрузке катализаторов.

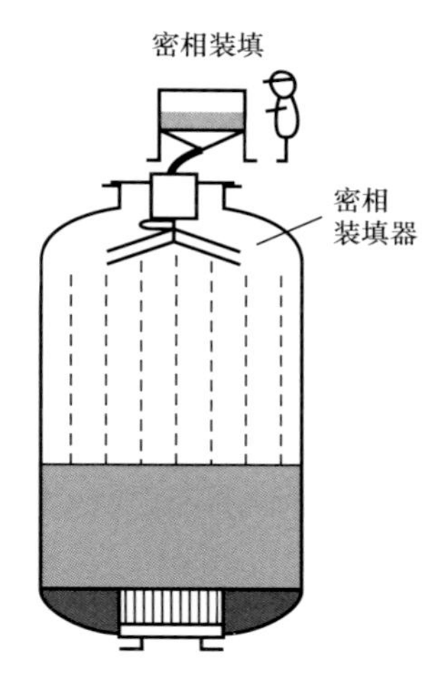

图 1–24 密相装填操作示意图

Рисунок 1–24 Схема плотной загрузки

催化剂床层（catalyst bed） 工业催化剂装填于固定床反应器内的特定位置，在该位置工业催化剂形成的一定高度的填料层位称为催化剂床层。

Слой катализатора. Слой загрузки промышленных катализаторов, находящийся на определенной высоте в определенном положении реактора со стационарным слоем катализатора, называется слоем катализатора.

催化剂硫化（catalyst pre-sulphurization） 催化剂硫化指在一定温度、压力等工艺条件下，使用硫化剂和氢气将加氢催化剂中氧化态的活性金属转化为硫化态的过程。

注：装入反应器内的新鲜的或再生后的加氢催化剂的活性金属组分是以氧化态存在的，催化剂在使用前进行硫化操作将活性金属组分由氧化态转化为硫化态，使其具有较高的加氢活性。

Предсульфидирование катализатора. Предсульфидированием катализатора является процесс преобразования активного металла в окисленном состоянии катализатора гидрогенизации в сульфид с использованием сульфидизатора и водорода при определенных температуре, давлении и других условиях.

Примечание: Активный металлический компонент свежего или регенерированного катализатора, добавленного в реактор, существует в окисленном состоянии, перед использованием катализатора выполняется операция по сульфинированию, которая заключается в преобразовании активного металлического компонента из окисленного в сульфинированное состояние, что дает катализатору высокую гидрирующую активность.

催化剂器内硫化(catalyst pre-sulphurization the reactor) 催化剂器内硫化指在一定温度、压力等工艺条件下,在反应器内进行的催化剂硫化的操作过程。

Предсульфидирование катализатора в реакторе. Предсульфидированием катализатора в реакторе является процесс сульфинирования катализатора в реакторе при определенных температуре, давлении и других условиях.

催化剂器外硫化(catalyst pre-sulphurization outside the reactor) 催化剂器外硫化指在一定温度、压力等工艺条件下,在催化剂硫化专用设备中进行的操作过程。

Предсульфидирование катализатора вне реактора. Предсульфидированием катализатора вне реактора является процесс сульфинирования катализатора в специальном оборудовании при определенных температуре, давлении и других условиях.

硫化温度(sulfidation temperature) 硫化温度指将催化剂的活性组分由氧化态转化为硫化态的硫化反应的反应温度范围值。

Температура сульфидирования. Под температурой сульфидирования подразумевается температурный диапазон реакции сульфидирования, в которой активный компонент катализатора преобразуется из окисленного в сульфинированное состояние.

注硫温度(injection temperature of pre-sulfiding reagent) 注硫温度指催化剂器内预硫化操作时,硫化剂注入反应系统的起始温度。注硫温度主要取决于硫化剂的分解温度。

Температура ввода сульфидирующего агента. Под температурой ввода сульфидирующего агента подразумевается начальная температура ввода сульфидирующего агента в реакционную систему при предсульфидировании катализатора в реакторе. Температура ввода сульфидирующего агента в основном зависит от температуры разложения сульфидирующего агента.

硫化升温曲线(heating rate curve of sulfiding process)　硫化升温曲线是催化剂厂商针对其开发的催化剂进行硫化操作时,采用的控制反应器内催化剂床层的升温速度和恒温时间,并确保催化剂硫化完全的操作曲线。

Кривая скорости нагрева процесса сульфидирования. Кривая скорости нагрева процесса сульфидирования представляет собой оперативную кривую, используемую производителем катализаторов для управления скоростью повышения температуры и временем поддержания постоянной температуры слоя катализатора в реакторе с целью обеспечения полного сульфидирования катализатора при выполнении сульфидирования разработанных им катализаторов.

催化剂活化(catalyst activation)　催化剂活化指将处在钝化状态的催化剂经一定的焙烧或还原、氧化、硫化、羟基化等处理,使之转变为活性态催化剂的过程。

Активация катализатора. Активацией катализатора является процесс превращения катализатора в пассивированном состоянии в активный катализатор после определенного обжига или восстановления, окисления, сульфидирования, гидроксилирования и других операций.

催化剂钝化(catalyst passivation)　催化剂钝化是将活化处理后的新鲜催化剂或再生催化剂,在一定工艺条件下,进行抑制催化剂外层活性或初始活性的处理过程,以保证催化剂能安全贮运、高效使用。

Пассивация катализатора. Пассивацией катализатора является процесс ингибирования активности внешнего слоя или начальной активности катализатора путем активации свежего катализатора или регенерированного катализатора при определенных технологических условиях с целью обеспечения безопасного хранения, транспортировки и эффективного использования катализатора.

氧化态催化剂(oxidation state catalyst) 催化剂厂新生产或再生的加氢催化剂的活性组分为W、Mo、Ni、Co等金属的氧化物形态的催化剂称为氧化态催化剂。

Катализатор в окисленном состоянии. Катализатор в виде оксидов металлов W, Mo, Ni, Co, являющихся активными компонентами недавно произведенного или регенерированного катализатора гидрогенизации, называется катализатором в окисленном состоянии.

硫化态催化剂(sulfided state catalyst) 加氢催化剂的活性组分以W、Mo、Ni、Co等金属的高加氢活性的硫化态的形式存在的催化剂称为硫化态催化剂。

Катализатор в сульфинированном состоянии. Катализатор, существующий в сульфинированном состоянии с высокой гидрирующей активностью металлов W, Mo, Ni, Co, являющихся активными компонентами катализатора гидрогенизации, называется катализатором в сульфинированном состоянии.

携带油(carrying oil) 携带油是炼油催化剂器内硫化操作时,携带硫化剂一同注入反应系统的物质。通常使用的携带油为精制石脑油、直馏煤油、加氢裂化煤油、直馏柴油、加氢精制柴油。

Несущее масло. Несущее масло представляет собой вещество, которое вводится в реакционную систему вместе с сульфидирующим агентом при сульфидировании в реакторе катализатора нефтепереработки. Обычно используются рафинированная нафталанская нефть, прямогонная фракция керосина, керосин с гидрокрекингом, прямогонная фракция дизельного топлива и гидроочищенное дизельное топливо в качестве несущих масел.

硫化剂(pre-sulfiding reagent) 硫化剂是将催化剂的活性金属组分由氧化态(低活性状态)转化为硫化态(高活性状态)的化学试剂。

Сульфидирующий агент. Сульфидирующий агент представляет собой химический реагент, который преобразует активный металлический компонент катализатора из окисленного состояния (неактивное состояние) в сульфидированное состояние (высокоактивное состояние).

催化剂干法硫化(dry pre-sulphurization of catalyst) 催化剂干法硫化是在氢气存在下,直接用一定浓度的硫化氢或直接向循环氢中注入有机硫化物进行催化剂硫化的操作。

Сухое предсульфурирование катализатора. Сухое предсульфурирование катализатора представляет собой операцию по сульфинированию катализатора с использованием сероводорода определенной концентрации или с непосредственным вводом органических сульфидов в циркулирующий водород.

催化剂湿法硫化(wet pre-sulphurization of catalyst) 催化剂湿法硫化是在氢气存在下,采用含有硫化物的携带油在液相和半液相的状态下进行催化剂硫化的操作。湿法硫化又分为两种:催化剂硫化过程中的硫来自外加的硫化物;催化剂硫化过程中的硫来自硫化油自身的硫物质。

Влажное предсульфурирование катализатора. Влажное предсульфурирование катализатора представляет собой операцию по сульфинированию катализатора с использованием несущего масла, содержащего сульфиды, в жидкой и полужидкой фазах при существовании водорода. Влажное предсульфурирование катализатора подразделяется на два вида: сера в процессе сульфидирования катализатора поступает из добавленных сульфидов; сера в процессе сульфидирования катализатора поступает из серы, содержащейся в самой сульфинированной нефти.

催化剂稳定性(catalyst stability) 催化剂稳定性是显示其活性和选择性随时间变化的情况,通常以寿命表示。催化剂的稳定性包括耐热稳定性、抗毒稳定性和机械稳定性三个方面。

Стабильность катализатора. Стабильность катализатора–это ситуация, которая показывает изменение активности и селективности катализатора со временем. Стабильность катализатора включает в себя термостойкую стабильность, антитоксическую стабильность и механическую стабильность.

催化剂的磨耗率(attrition loss of catalyst) 催化剂的磨耗率是指催化剂在贮运、使用过程中颗粒与颗粒、器壁及流体之间的碰撞、摩擦产生的粉化、破损的损失程度。

Потери катализатора от истирания. Потери катализатора от истирания представляют собой степень потерь от распыления и повреждения, вызванного столкновением и трением между частицами, стенками реактора и жидкостью в процессе транспортировки, использования катализатора.

催化剂寿命(catalyst lifetime) 催化剂寿命指催化剂在反应条件下维持一定活性和选择性水平的时间,或者每次活性、选择性下降后经再生而又恢复到许可水平的累计时间。

Ресурс катализатора. Ресурс катализатора является временем, в течение которого катализатор поддерживает определенный уровень активности и селективности под его действием, или накопленным временем, в течение которого катализатор регенерируется и восстанавливается в разрешенный уровень после каждого снижения активности и селективности.

催化剂单程寿命(single pass lifetime of catalyst) 催化剂单程寿命指催化剂在反应条件下,维持一定活性和选择性水平的单周期时间。

Ресурс катализатора за один проход. Ресурс катализатора за один проход является временем одного прохода, в течение которого катализатор поддерживает определенный уровень активности и селективности под его действием.

催化剂失活(catalyst deactivation; deactivation of catalyst) 催化剂由于中毒、结焦、堵塞、烧结和热失活导致的活性损失称为催化剂失活。

Дезактивация катализатора. Потеря активности катализатора, вызванная отравлением, коксованием, засорением, спеканием и тепловой инактивацией, называется деактивацией катализатора.

失活速率（deactivation rate） 工业催化剂在运行过程中其活性逐渐下降，需要提高操作温度维持催化剂的活性，通常以一定运转时间内温度的升高，即提温速率来表示失活速率，常用℃/h 或℃/d 来计量。

Коэффициент дезактивации. При снижении активности промышленного катализатора в процессе его действия существует необходимость повышения рабочей температуры для поддержания активности катализатора, обычно повышение температуры в течение определенного рабочего времени, то есть скорость повышения температуры, называется коэффициентом дезактивации, обычно измеряется ℃/ч или ℃/сут.

催化剂中毒（catalyst poisoning） 由于有害杂质（毒物）对催化剂的毒化作用，使催化剂活性、选择性或稳定性降低以及寿命缩短的现象，称为催化剂中毒。

Отравление катализатором. Явление снижения активности, селективности или стабильности и сокращение ресурса катализатора из–за отравляющего действия вредных примесей (токсичных веществ) на катализатор называется отравлением катализатора.

可逆中毒（reversible poisoning） 反应原料中的毒物在催化剂活性中心上吸附或化合时，生成的键强度相对较弱，可以采取适当的方法除去毒物，使催化剂活性恢复而不影响催化剂的性质，这种中毒叫作可逆中毒或暂时中毒。

Обратимое отравление. Когда токсичные вещества, содержащиеся в реакционноспособном материале, адсорбируются или объединяются на активном центре катализатора, образуется относительно слабая прочность связи, при этом применяется соответствующий метод для удаления токсичных веществ и восстановления активности катализатора без воздействия на свойства катализатора, этот процесс называется обратимым отравлением или временным отравлением.

不可逆中毒(irreversible poisoning) 反应原料中的毒物与催化剂活性组分相互作用,形成很强的化学键,难以用一般的方法将毒物除去以使催化剂活性恢复,这种中毒叫作不可逆中毒或永久中毒。

Необратимое отравление. Токсичные вещества в реакционноспособном материале взаимодействуют с активными компонентами катализатора, образуется сильная химическая связь, при этом трудно используется общий метод для удаления токсинов и восстановления активности катализатора, этот процесс называется необратимым отравлением или постоянным отравлением.

催化剂结焦(catalyst coking) 催化剂表面上生成含碳沉积物的过程称为结焦。

Закоксовывание катализатора. Процесс образования углеродсодержащих отложений на поверхности катализатора называется закоксовыванием.

催化剂再生(catalyst regeneration) 通过适当的物理或化学的处理,使催化剂活性与选择性得以恢复的过程即为催化剂再生。

Регенерация катализатора. Процесс восстановления активности и селективности катализатора методом физической или химической обработки является регенерацией катализатора.

催化剂器内再生(on-site regeneration of catalyst) 催化剂器内再生指待生催化剂不卸出反应器,在反应器内直接再生的过程。

Регенерация катализатора на месте. Регенерацией катализатора в реакторе является процесс регенерации катализатора непосредственно в реакторе, не выходя из реактора.

催化剂器外再生(off-site regeneration of catalyst) 催化剂器外再生是将待生催化剂从反应器中卸出,在专业设备及一定工艺条件下进行再生的过程。

Регенерация катализатора вне реактора. Регенерацией катализатора вне реактора является процесс вывода регенерационного катализатора из реактора и его регенерации в специализированном оборудовании и при определенных технологических условиях.

催化剂再生温度（catalyst regeneration temperature） 催化剂再生温度指失活催化剂进行再生操作时的反应温度。

Температура регенерации катализатора. Температурой регенерации катализатора является температура реакции при регенерации инактивированного катализатора.

烧焦再生（catalyst regeneration by coke burning） 烧焦再生指将失活催化剂表面和孔道内沉积的焦炭在一定氧气含量的再生介质中进行燃烧除去的操作过程。

Регенерация катализатора путем сжигания кокса. Регенерацией катализатора путем сжигания кокса является оперативный процесс сжигания и удаления кокса, осажденного на поверхности и в поровых каналах инактивированного катализатора, в среде регенерации с определенным содержанием кислорода.

催化剂回收（catalyst recovery） 催化剂回收是将永久性失活的催化剂从反应器中取出，输送至专业公司回收失活催化剂中的金属等有用组分，再加以综合利用的过程。

Рекуперация катализатора. Рекуперацией катализатора является процесс извлечения постоянного инактивированного катализатора из реактора, транспортировки в специализированную компанию для утилизации металлов и других полезных компонентов в инактивированном катализаторе и их комплексного использования.

第二章　石油炼制基础词汇

Часть II. Основные термины по нефтепереработке

原料及产品相关词汇

Термины по сырью и продукции

原料词汇

Термины по сырью

原油(crude oil)　原油是石油的基本类型,常温、常压下一般呈液态,是气、液、固态烃类混合物的总称,其中也包括一些液态非烃类成分。

Сырая нефть.　Сырая нефть является основным видом нефти. Она обычно является жидкой при комнатной температуре и атмосферном давлении. Сырая нефть–это общее название смеси газообразных, жидких и твердых углеводородов, в которую входят и некоторые жидкие неуглеводородные компоненты.

低硫原油(sweet crude oil)　低硫原油指硫含量低于 0.5%(质量分数)的原油。

Низкосернистая сырая нефть.　Низкосернистая сырая нефть представляет собой сырую нефть с содержанием серы менее 0,5% (массовая доля).

含硫原油(sour crude oil)　含硫原油指硫含量在 0.5%～2%(质量分数)之间的原油。

Сернистая сырая нефть.　Сернистая сырая нефть представляет собой сырую нефть с содержанием серы от 0,5% до 2% (массовая доля).

高硫原油(high–sulfur crude oil)　高硫原油指硫含量高于 2%(质量分数)的原油。

Высокосернистая сырая нефть. Высокосернистая сырая нефть представляет собой сырую нефть с содержанием серы более 2% (массовая доля).

石蜡基原油(paraffinic crude oil) 石蜡基原油是依据原油的特性因数分类法(*K* 值法),*K* 值大于 12.1 的原油,含烷烃较多,凝点较高,相对密度较小,含蜡量较高。

Сырая нефть парафинового основания. Сырая нефть парафинового основания представляет собой сырую нефть со значением *K*–фактора выше 12,1 в соответствии с классификацией характеристических факторов сырой нефти (классификацией *K*–факторов). Она характеризуется более высоким содержанием алканов, более высокой температурой затвердевания, более низкой плотностью и более высоким содержанием парафина.

环烷基原油(naphthenic crude oil) 环烷基原油是依据原油的特性因数分类法(*K* 值法),*K* 值为 10.5～11.5 的原油,含环烷烃、芳烃较多,密度大,凝点低,含胶质、沥青质较多。

Сырая нефть нафтенового основания. Сырая нефть нафтенового основания представляет собой сырую нефть со значением *K*–фактора 10,5–11,5 в соответствии с классификацией характеристических факторов сырой нефти (классификацией *K*–факторов). Она характеризуется более высоким содержанием алканов и ароматических углеводородов, большой плотностью, низкой температурой затвердевания и более высоким содержанием смол и асфальтенов.

中间基原油(intermediate crude oil) 中间基原油是依据原油的特性因数分类法(*K* 值法),*K* 值为 11.5～12.1 的原油,中间基原油又称混合基原油,性质和组成介于石蜡基原油和环烷基原油之间。大部分原油属于中间基原油。

Сырая нефть смешанного основания. Сырая нефть смешанного основания представляет собой сырую нефть со значением *K*–фактора 11,5–12,1 в соответствии с классификацией характеристических факторов сырой нефти (классификацией *K*–факторов). Сырая нефть смешанного основания также называется сырой нефтью промежуточного основания. Ее свойства и состав находятся между сырой нефтью парафинового основания и сырой нефтью нафтенового основания. Большинство сырой нефти относится к сырой нефти смешенного основания.

轻质原油(light crude oil) 轻质原油指密度(20℃)小于 0.852g/cm^3、API 度大于 34° API 的原油,也即轻油。

Легкая сырая нефть. Легкая сырая нефть представляет собой сырую нефть с относительной плотностью (при 20℃) менее 0,852 г/см^3 и плотностью в градусах API выше 34°API, то есть легкая нефть.

中质原油(medium crude oil) 中质原油指密度(20℃)为 0.852～0.930g/cm^3、API 度为 20～34° API 的原油。

Средняя сырая нефть. Средняя сырая нефть представляет собой сырую нефть с относительной плотностью (при 20℃) от 0,852 г/см^3 до 0,930 г/см^3 и плотностью в градусах API 20–34° API.

重质原油(heavy crude oil) 重质原油指密度(20℃)为 0.931～0.998g/cm^3、API 度为 10～20° API 的原油,也即重油。

Тяжелая сырая нефть. Тяжелая сырая нефть представляет собой сырую нефть с относительной плотностью (при 20℃) от 0,931 г/см^3 до 0,998 г/см^3 и плотностью в градусах API 10–20° API, то есть мазут.

劣质原油(inferior crude oil) 通常将具有高硫、高金属、高残炭含量及密度大,或具有其中之一性质的、难以加工利用的原油称为劣质油。

Низкосортная сырая нефть. Низкосортной нефтью обычно называется сырая нефть с высоким содержанием серы, высоким содержанием металлов, высоким содержанием коксового остатка или с одним из этих свойств, которую трудно перерабатывать и использовать.

油砂沥青(oil sand bitumen) 油砂沥青属于非常规石油资源,是从石油砂中提炼出来的黏稠的、油膏状半固体。

Битум из нефтеносных песков. Битум из нефтеносных песков является нетрадиционным видом нефтяных ресурсов и представляет собой вязкую мазеобразную полутвердую массу, получаемую из нефтеносных песков.

稠油(thick oil) 稠油指常温常压下密度大于 0.9430g/cm^3,在地层条件下黏度超过 50mPa·s 的原油。

Вязкая нефть. Вязкая нефть представляет собой сырую нефть с плотностью при комнатной температуре и атмосферном давлении выше 0,9430 г/см^3 и вязкостью в пластовых условиях выше 50 мПа·с.

常压渣油（atmospheric residue） 常压渣油简称 AR，是从炼油厂常压蒸馏塔底抽出的残渣油。

Атмосферный остаток/мазут. Атмосферный остаток/мазут (AR) представляет собой нефтяной остаток, откачиваемый со дна колонны атмосферной перегонки нефтеперерабатывающего завода.

减压渣油（vacuum residue） 减压渣油简称 VR，是从炼油厂减压蒸馏塔底抽出的残渣油。

Вакуумный остаток. Вакуумный остаток (VR) представляет собой нефтяной остаток, откачиваемый со дна колонны вакуумной перегонки нефтеперерабатывающего завода.

催化油浆（FCC slurry；FCC decant oil） 催化油浆又称催化裂化油浆，是从催化裂化装置的分馏塔底抽出的带有催化剂粉末的残渣油。

Тяжелый остаток каталитического крекинга с катализаторной суспензией. Тяжелый остаток каталитического крекинга с катализаторной суспензией представляется собой нефтяной остаток, содержащий порошок катализатора, откачиваемый со дна фракционирующей колонны установки каталитического крекинга.

新氢（fresh hydrogen） 新氢指为加氢装置提供的新鲜氢气，包括重整氢气、化工氢气、PSA 氢气及各类制氢装置等生产的氢气。

Свежий водород. Это свежий водород, подаваемый в установку гидрогенизации, включая водород риформинга, химический водород, водород PSA и водород, получаемый различными установками для производства водорода.

循环氢（recycle hydrogen） 循环氢指加氢装置的循环压缩机提供给反应系统循环使用的氢气。

Циркуляционный водород. Циркулирующий водород представляет собой водород, подаваемый циркуляционным компрессором установки гидрогенизации в реакционную систему для повторного использования.

产品词汇

Термины по продукции

馏分油(distillate) 馏分油指通过常压蒸馏或减压蒸馏所得到的具有一定馏程范围的石油组分的蒸气冷凝产物。

Дистиллят. Дистиллят представляет собой продукт конденсации паров нефтяных компонентов с определенным температурным диапазоном выкипания, полученный после атмосферной дистилляции или вакуумной дистилляции.

中间馏分油(middle distillate) 中间馏分油指常压塔除塔顶石脑油和塔底重油外的侧线馏分,一般指煤油和柴油馏分。

Средний дистиллят. Средний дистиллят представляет собой фракции боковой линии атмосферной колонны, за исключением нафты в верхней части колонны и мазута на дне колонны. Обычно это керосиновые и дизельные фракции.

重整生成油(reformate) 重整生成油指重整装置生产的一种中间液体产物。

Риформат. Риформат представляет собой промежуточный жидкий продукт, получаемый с установки риформинга.

烷基化油(alkylate) 烷基化油指烷基化加工过程中所得到的液态烃。

Алкилат. Алкилат представляет собой жидкий углеводород, получаемый в процессе алкилирования.

汽 油(gasoline) 汽油指馏程在30～220℃范围内,可含有适当添加剂的精制石油馏分,适于用作点燃式发动机能源的液体石油燃料。

Бензин. Бензин–очищенная нефтяная фракция с температурой выкипания в пределах 30–220℃, которая может содержать соответствующие добавки и представляет собой жидкое нефтяное топливо, пригодное для использования в качестве источника энергии двигателя с искровым зажиганием.

煤 油(kerosine) 煤油指馏程为150～250℃,挥发性介于汽油和柴油之间,闭口闪点高于38℃的液体石油燃料。

Керосин. Керосин представляет собой жидкое нефтяное топливо с температурой выкипания в пределах 150–250℃, летучестью между бензином и дизельным топливом и температурой вспышки в закрытом тигле выше 38℃ .

柴油(diesel fuel)　柴油指馏程为200～350℃,用作压燃式发动机(柴油发动机)能源的液体石油燃料。

Дизельное топливо. Дизельное топливо представляет собой жидкое нефтяное топливо с температурой выкипания в пределах 200–350°C, используемое в качестве источника энергии двигателя с самовоспламенением от сжатия (дизельного двигателя).

润滑油馏分(lubricating oil distillate)　润滑油馏分简称润滑油,是指馏程和黏度范围适合于精制后生产润滑油基础油的馏分。

Дистиллят смазочных масел. Дистиллят смазочных масел называется смазочным маслом, представляет собой дистиллят, пределы выкипания и диапазон вязкости которого подходят для получения смазочного базового масла после очистки.

减压馏分油(vacuum distillate)　减压馏分油是通过减压蒸馏得到的馏分油,可用作催化裂化、加氢裂化的原料,或经过适当处理后用作润滑油的一种减压塔顶馏出产品。

Вакуумный дистиллят. Вакуумный дистиллят представляет собой дистиллят, полученный в результате вакуумной дистилляции. Это продукт перегонки в верхней части вакуумной колонны, который может использоваться в качестве сырья каталитического крекинга и гидрокрекинга, а также в качестве смазочного масла после соответствующей обработки.

基础油(base oil)　基础油是由石油加工得到的或人工合成的,通常在加入添加剂后用于生产润滑油产品。

Базовое масло. Базовые масла получаются путем переработки нефти или искусственного синтеза и обычно используются для производства смазочных масел после добавления присадок.

白油(white oil)　白油是以基础油相近组分或基础油为原料,经进一步精制得到的无色、硫和芳烃含量很低的油品。

Белое масло. Белое масло представляет собой бесцветное масло с низким содержанием серы и ароматических углеводородов, полученное из аналогичных компонентов базового масла или базового масла путем дополнительной очистки.

石蜡(wax) 石蜡是由石油馏分得到的、主要成分为长链饱和烃的混合物产品，其常温下为白色或淡黄色蜡状物质。

Воск. Воск представляет собой продукт в виде смеси, получаемый из нефтяных фракций, основным компонентом которого является длинноцепочечный насыщенный углеводород. Это воскообразное вещество белого или светло-желтого цвета при комнатной температуре.

沥青(asphalta) 沥青是由原油加工得到或天然存在的黏稠的固体或半固体有机物质，基本不挥发、黏附且防水的材料。

Асфальт. Асфальт-вязкое твердое или полутвердое органическое вещество, получаемое путем переработки сырой нефти или встречающееся в природе и представляющее собой в основном нелетучий, вязкий и водонепроницаемый материал.

炼厂气(refinery gas) 在原油或原料油炼制过程中产生的，主要由轻质烃类组成的气体。

Газ нефтепереработки. Это газ, получаемый в ходе переработки сырых масел и в основном состоящий из легких углеводородов.

原料和产品的性质

Свойства сырья и продукции

原油性质(crude property) 原油性质包含原油的物理性质和化学性质。物理性质主要包括颜色、密度、黏度、凝点、溶解性等；化学性质主要包括化学组成、组分组成和杂质含量等。

Свойства сырой нефти. Свойства сырой нефти-это физические и химические свойства сырой нефти. К физическим свойствам относятся цвет, плотность, вязкость, точка застывания, растворимость и т.д.; а к химическим свойствам-химический состав, компонентный состав, содержание примесей и т.д.

原油评价（crude evaluation）　原油评价指利用仪器和分析技术，对原油及其馏分的物理性质、化学性质进行分析，并根据得到的数据对原油的加工和使用性能进行评价。原油评价工作流程如图 2–1 所示。

Оценка сырой нефти.　Оценка сырой нефти представляет собой работу, направленную на анализ физических и химических свойств сырой нефти и ее фракций с использованием приборов и аналитической техники, а также оценку характеристик переработки и использования сырой нефти в соответствии с полученными данными. Процесс работы по оценке сырой нефти показан на рисунке 2–1.

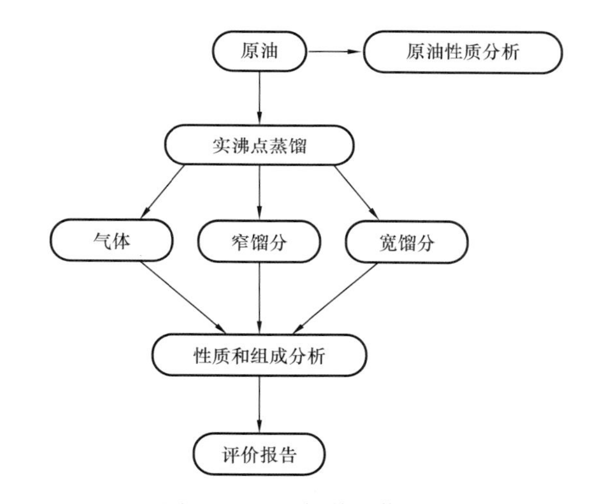

图 2–1　原油评价工作流程

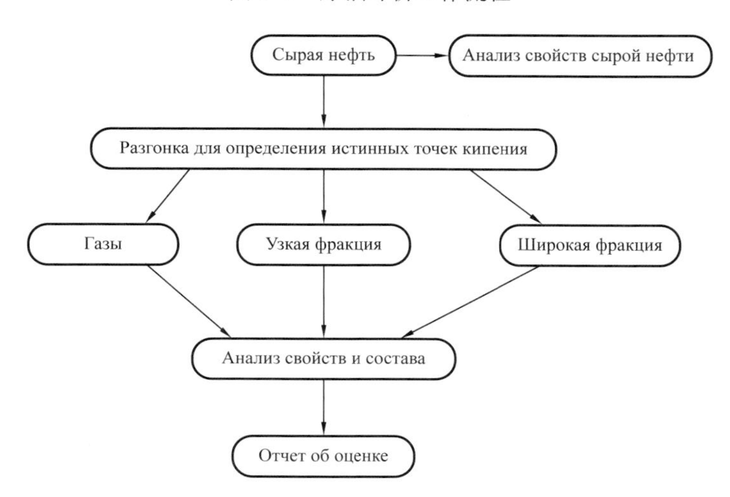

Рисунок 2–1　Процесс работы по оценке сырой нефти

原油特性因数(characterization factor of crude oil) 原油特性因数又称 watson K 值或 UOP K 值,是用来判断原油的化学组成的指数,它是油品的平均沸点和相对密度的函数,其具体关系式如下:

$$K = 1.216\frac{\sqrt[3]{T_K}}{d_{15.6}^{15.6}}$$

式中 K——原油特性因数;
T_K——油品平均沸点;
$d_{15.6}^{15.6}$——原油的相对密度。

Характеристический фактор сырой нефти. Характеристический фактор сырой нефти, также известный как K-фактор Ватсона или K-фактор UOP, представляет собой индекс, используемый для определения химического состава сырой нефти. Он представляет собой функцию средней температуры кипения нефтепродуктов и относительной плотности. Конкретная зависимость заключается в следующем:

$$K = 1.216\frac{\sqrt[3]{T_K}}{d_{15.6}^{15.6}}$$

где, K–характеристический фактор сырой нефти;
T_K–средняя температура кипения нефтепродуктов;
$d_{15.6}^{15.6}$–относительная плотность сырой нефти.

特性因数分类法(characterization factor classification) 特性因数分类法又称 K 值分类法,是使用表征石油馏分烃类组成的指数(K 值)对原油进行分类的方法。

注:K 值大于 12.1 的原油为石蜡基原油,K 值为 11.5～12.1 的原油为中间基原油,K 值为 10.5～11.5 的原油为环烷基原油。

Классификация характеристических факторов. Классификация характеристических факторов, также известная как классификация K-факторов, представляет собой метод, который использует индекс (K-фактор), характеризующий углеводородный состав нефтяной фракции, для классификации сырой нефти.

Примечание: Сырая нефть со значением K-фактора более 12,1 представляет собой сырую нефть парафинового основания, со значением K-фактора в диапазоне 11,5–12,1–сырую нефть смешанного основания, со значением K-фактора в диапазоне 10,5–11,5–сырую нефть нафтенового основания.

密度（density）　密度是在规定温度下单位体积内所含物质的质量，单位为 g/cm^3。

Плотность.　Плотность представляет собой массу вещества, содержащегося в единице объема при заданной температуре, выраженная в $г/см^3$.

黏度（viscosity）　黏度指液体流动的内部阻力，单位为 mPa·s。

Вязкость.　Вязкость представляет собой внутреннее сопротивление потоку жидкости, выраженное в мПа·с.

黏度指数（viscosity index）　黏度指数是表征润滑油基础油的黏度随温度变化特性的指标。

Индекс вязкости.　Индекс вязкости представляет собой показатель, показывающий степень изменения вязкости смазочного базового масла в зависимости от температуры.

馏程（distillation range）　在标准条件下，蒸馏油品所得的沸点范围称为馏程，也是在一定温度范围内该油品中可蒸馏出的油品数量和温度的标示。

Предел выкипания.　Пределом выкипания называют диапазон температур кипения, полученный при перегонке нефтепродукта в стандартных условиях. Он также показывает количество и температуру нефтепродуктов, которые могут быть дистиллированы из этого нефтепродукта в пределах определенного температурного диапазона.

实沸点蒸馏（true boiling point distillation）　实沸点蒸馏简称 TBP，是采用规定的分馏柱在实验室按规定的操作步骤，将原油进行蒸馏的过程。实沸点蒸馏仪如图 2-2 所示。

Разгонка для определения истинных точек кипения.　Разгонка для определения истинных точек кипения (ИТК) представляет собой процесс перегонки сырой нефти в лаборатории с применением ректификационной колонны в соответствии с предписанными шагами операции. Установка для разгонки по ИТК показана на рисунке 2-2.

图 2-2　实沸点蒸馏仪

Рисунок 2-2　Установка для разгонки по ИТК

硫含量（sulfur content）　硫含量指石油产品中的单质硫及硫化物（如硫化氢、硫醇、硫醚、二硫化物等）中硫元素的总质量含量，单位以 % 和 μg/g 表示。

Содержание серы.　Содержание серы представляет собой общее массовое содержание простого вещества серы и сульфидов (таких как сероводород, тиолы, тиоэфиры, дисульфиды и т.д.) в нефтепродуктах, выраженное в % и мкг/г.

氮含量（nitrogen content）　氮含量指石油产品中含氮化合物中氮元素的质量含量，单位以 % 和 μg/g 表示。

Содержание азота.　Содержание азота представляет собой массовое содержание элемента азота в азотосодержащих соединениях в нефтепродуктах, выраженное в % и мкг/г.

残炭（carbon residue）　残炭指在规定的限氧（空气）条件下，石油产品发生受控热分解后所形成的残余物，单位以 % 表示。

Коксовый остаток.　Коксовый остаток представляет собой остаток, образующийся после контролируемого термического разложения нефтепродуктов при установленном предельном содержании кислорода (воздуха), выраженный в %.

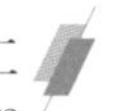

烃类组成（hydrocarbon types composition） 烃类组成指油品中饱和烃、烯烃和芳烃等组分的含量构成。

Групповой углеводородный состав. Углеводородный состав представляет собой состав нефтепродукта, выраженный в содержаниях компонентов, таких как насыщенные углеводороды, олефины, ароматические углеводороды и т. д.

芳烃含量（aromaties content） 芳烃含量指油品中带有苯环的烃类化合物的质量含量。

Содержание ароматических углеводородов. Содержание ароматических углеводородов представляет собой массовое содержание углеводородных соединений с бензольными кольцами в нефтепродуктах.

四组分法（SARA method） 四组分法简称 SARA 法，通常认为重质油属于胶体结构体系，可用四组分表示其胶体结构。四组分法是指通过采用溶剂分离和液相色谱法，将重质油分成饱和分（Saturates）、芳香分（Aromatics）、胶质（Resins）、沥青质（Asphaltenes）的方法。

Метод SARA-анализа (насыщенных углеводородов, ароматических соединений, смол и асфальтенов). Обычно считается, что тяжелая нефть относится к коллоидным системам, и ее коллоидальное строение может быть представлено четырьмя компонентами. Метод SARA-анализа-это метод разделения тяжелой нефти на четыре компонента: насыщенные углеводороды, ароматические соединения, смолы и асфальтены, с применением методов сольвентной сепарации и жидкостной хроматографии.

辛烷值（octane number） 辛烷值是表示火花点燃式发动机燃料抗爆性的指标。

Октановое число. Октановое число представляет собой показатель, указывающий на детонационную стойкость топлива для двигателей с искровым зажиганием.

十六烷值(cetane number) 十六烷值是表示柴油在压燃式发动机中着火性能的指标。

Цетановое число. Цетановое число представляет собой показатель, указывающий на характеристику воспламеняемости дизельного топлива в двигателях с самовоспламенением от сжатия.

冷滤点(cold filter plugging point) 冷滤点指在规定的冷却条件下,一定体积的燃料不能在规定时间通过标准过滤装置时的最高温度。

Точка закупорки холодного фильтра. Точка закупорки холодного фильтра представляет собой максимальную температуру, при которой определенный объем топлива не может пройти через стандартное фильтрующее устройство в установленное время при установленных условиях охлаждения.

烟点(smoke point) 烟点指在规定条件下,石油馏分在标准灯中燃烧时,在不冒烟情况下所得到的火焰最大高度,以 mm 表示。

Высота некоптящего пламени/точка дымления. Высота некоптящего пламени/точка дымления представляет собой максимальную высоту пламени в миллиметрах, которая достигается до появления дыма, при сжигании нефтяной фракции в стандартной лампе при определенных условиях.

冰点(freezing point) 冰点指在规定条件下,燃料在冷却时形成固态烃类结晶,随着温度回升其烃类结晶消失时的最低温度,以℃表示。

Точка замерзания. Точка замерзания представляет собой минимальную температуру, выраженную в ℃, при которой твердые углеводородные кристаллы топлива, образованные при его охлаждении в установленных условиях, исчезают с повышением температуры.

凝点(solidifying point) 凝点指在规定条件下,油品冷却至液面停止移动时的最高温度,以℃表示。

Температура затвердевания. Температура затвердевания представляет собой максимальную температуру, выраженную в℃, при которой охлаждаемый нефтепродукт прекращает изменять уровень в установленных условиях.

倾点（pour point）　倾点指在规定条件下，被冷却的油品能够流动的最低温度，以℃表示。

Температура застывания/температура потери текучести. Температура застывания/температура потери текучести представляет собой минимальную температуру, выраженную в ℃, при которой охлаждаемый нефтепродукт сохраняет свою текучесть в установленных условиях.

浊点（cloud point）　浊点指在规定条件下，清澈的液体石油产品由于蜡晶体的出现而首次呈雾状或浑浊时的最高温度，以℃表示。

Температура помутнения. Температура помутнения представляет собой максимальную температуру, выраженную в ℃, при которой прозрачный жидкий нефтепродукт начинает мутнеть или иметь туманообразный вид из–за появления мелких кристаллов парафина в установленных условиях.

赛波特颜色（saybolt color）　赛波特颜色指当透过试样液柱与标准色板观测对比时，测得的与三种标准色板之一最接近时的液柱高度数值。赛波特颜色号规定为：-16（最深）～+30（最浅）。用作检测汽油、煤油、白油、润滑油和石蜡产品的色度指标。

Цвет по Сейболту. Цвет по Сейболту представляет собой величину высоты столба жидкости при наибольшем приближении к одному из трех стандартных шкал цветов, измеренную во время наблюдения за столбом жидкости образца путем сравнения его со стандартными шкалами цветов. Диапазон цветового индекса Сейболта: от–16 (самый темный тон) до +30 (самый светлый тон). Он используется для определения цветового индекса бензина, керосина, белого масла, смазочных масел и парафиновых продуктов.

甲苯不溶物（toluene insolubles）　甲苯不溶物指重油中不溶于溶剂甲苯的物质，单位以 % 表示。

Вещества, нерастворимые в толуоле. Это вещества в тяжелой нефти, которые нерастворимы в растворителе метилбензоле, выраженные в %.

庚烷不溶物（heptane insolubles） 庚烷不溶物指重油中不溶于溶剂正庚烷的物质，单位以 % 表示。

Вещества, нерастворимые в гептане. Это вещества в тяжелой нефти, которые нерастворимы в растворителе н–гептане, выраженные в %.

炼油工艺基础词汇

Основные термины по технологиям нефтепереработки

裂化（cracking） 裂化指在一定反应条件下，烷烃分子中的碳碳键、碳氢键、无机原子与碳原子、无机原子与氢原子之间的化合键发生断裂，由较大分子转变成较小分子的过程。

Крекинг. Крекинг представляет собой процесс превращения более крупной молекулы алканов в молекулу меньшего размера в результате разрыва связи С–С, связи С–Н, химической связи между неорганическим атомом и атомом углерода и между неорганическим атомом и атомом водорода в молекуле алканов при определенных реакционных условиях.

裂解（thermal cracking） 裂解又称热裂解、热解，是烃类在高温下发生碳链断链，将一种物质（一般为高分子化合物）转变为一种或几种物质（一般为低分子化合物）的化学变化过程。

Термический крекинг. Термический крекинг представляет собой процесс химического превращения одного вещества (обычно высокомолекулярного соединения) в одно другое или несколько веществ (обычно низкомолекулярного (–ых) соединения (–й) в результате разрыва углеродной цепи углеводородов при высоких температурах.

加氢（hydrogenation） 加氢指在一定条件和氢分压下，通过催化剂的催化作用，使原料油与氢气进行反应进而提高油品质量或者得到目标产品的工艺技术。

Гидрогенизация. Гидрогенизация представляет собой технологию для повышения качества нефтепродукта или получения целевого продукта за счет реакции между сырым маслом и водородом под действием катализатора при определенных условиях и парциальном давлении водорода.

脱氢(dehydrogenation) 脱氢指有机化合物在高温及催化剂或脱氢剂存在下脱去氢的反应。

Дегидрогенизация. Дегидрогенизация представляет собой реакцию отщепления водорода от молекулы органического соединения при высокой температуре и в присутствии катализатора или дегидрогенизационного агента.

环化(cyclization) 环化指将开链的有机化合物转化成闭环结构有机化合物的过程。

Циклизация. Циклизация представляет собой процесс превращения органического соединения с открытой цепью в органическое соединение с замкнутым циклом.

异构化(isomerization) 异构化指改变有机化合物结构,由一个化合物转变为其异构体,而其基础分子式不变的过程。

Изомеризация. Изомеризация представляет собой процесс изменения структуры органического соединения для превращения соединения в его изомер без изменения его основной молекулярной формулы.

反应温度(reaction temperature) 反应温度指发生化学反应的系统温度。

Температура реакции. Температура реакции представляет собой температуру системы, в которой протекает химическая реакция.

加权平均床层温度(weighted average bed temperature) 加权平均床层温度用于表示整个反应器内催化剂床层的平均温度,是催化剂床层测温点显示温度与测温点权重因子乘积的加权平均值。

Средневзвешенная температура слоя. Средневзвешенная температура слоя используется для выражения средней температуры слоя катализатора во всем реакторе. Она представляет собой средневзвешенное значение произведения отображаемой температуры в точке замера температуры слоя катализатора на весовой множитель в точке замера температуры.

反应器温升(temperature rise of reactor) 反应器温升是反应器出口温度与入口温度的差值。

Повышение температуры реактора. Повышение температуры реактора представляет собой разницу между температурой на выходе реактора и температурой на его входе.

催化剂床层总温升（total temperature rise of catalyst bed） 催化剂床层总温升是每个催化剂床层温升的算术和。

Общее повышение температуры слоя катализатора. Общее повышение температуры слоя катализатора представляет собой арифметическую сумму повышения температуры всех слоев катализатора.

反应压力（reaction pressure） 反应压力指发生化学反应的系统压力。

Реакционное давление. Реакционное давление представляет собой давление системы, в которой протекает химическая реакция.

床层压力降（pressure drop of bed） 床层压力降简称床层压降，是指固定床反应器催化剂床层的出口与入口的压力差值。

Перепад давления в слое. Перепад давления в слое представляет собой разницу давлений между давлением на выходе из слоя катализатора и давлением на входе в слой катализатора в реакторе с неподвижным слоем.

氢油体积比（hydrogen-to-oil ratio） 氢油体积比是在标准状态下（1atm，0℃），单位时间内氢气体积流量与原料油体积流量之比。

Объемное соотношение водорода к сырью. Объемное соотношение водорода к сырью представляет собой отношение объемного расхода водорода к объемному расходу сырой нефти в единицу времени при стандартных условиях (при давлении 1 атм, при температуре 0℃).

空速（space velocity） 空速指单位时间内通过单位质量（或体积）催化剂的反应物的质量（或体积）。

注：空速是表示装置处理能力的指标，是指单位时间内炼油装置的催化剂加工原料油的能力。

Воздушная скорость. Воздушная скорость представляет собой массу (или объем) реагирующего вещества, проходящего через единицу массы (объема) катализатора в единицу времени.

Примечание: Воздушная скорость является показателем производительности установки, то есть способности нефтеперерабатывающей установки перерабатывать сырое масло катализатором в единицу времени.

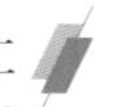

质量空速(mass space velocity) 单位时间内,单位质量催化剂所通过原料油的质量数值。

Массовая скорость воздуха. Это величина массы сырого масла, проходящего через единицу массы катализатора в единицу времени.

体积空速(volume space velocity) 单位时间内,单位体积催化剂所通过原料油的体积数值。

Объемная скорость воздуха. Это величина объема сырого масла, проходящего через единицу объема катализатора в единицу времени.

液时空速(liquid hourly space velocity) 液时空速指单位反应体积(对于采用固体催化剂的反应,则为单位体积催化剂)每小时处理原料的体积。

Часовая объемная скорость жидкости. Часовая объемная скорость жидкости представляет собой объем сырья, перерабатываемого единицей реакционного объема катализатора (для реакций на твердых катализаторах–единицей объема катализатора) в час.

炼油工艺相关词汇

Термины по технологиям нефтепереработки

工艺流程(process flow) 工艺流程指一个生产装置的设备、管线和控制仪表按生产的内在联系而形成的有机组合,表示从原材料投入到成品产出,按顺序进行加工的全过程。

Технологический процесс. Технологический процесс представляет собой органичную комбинацию оборудования, трубопроводов и контрольных приборов производственной установки, образованную в соответствии с внутренней связью между разными частями производства и означает целый процесс обработки в последовательности от ввода сырья до выпуска готовой продукции.

工艺流程图(process flow diagram) 工艺流程图指用于表示反应过程或化学生产流程的示意图,主要利用图形符号表示工艺流程中各部分的结构、物流流动方向、设备连接次序、主要控制点等工艺装置的生产全过程。

Технологическая схема. Технологическая схема представляет собой принципиальную схему, используемую для представления процесса реакции или процесса химического производства, которая использует графические символы для обозначения всего процесса производства на технологической установке, в том числе конструкции каждой части технологического процесса, направления потока материала, последовательности подключения оборудования, основных контрольных точек и т.д.

原油一次加工(primary processing of crude oil) 原油一次加工指原油的常压蒸馏或常减压蒸馏。

注:通常一次加工装置的生产能力代表着炼油厂的生产规模。

Первичная переработка сырой нефти. Под первичной переработкой сырой нефти подразумевается атмосферная дистилляция или атмосферно-вакуумная дистилляция сырой нефти.

Примечание: Обычно производственная мощность установки первичной переработки показывает производственный масштаб нефтеперерабатывающего завода.

原油二次加工(secondary processing of crude oil) 原油二次加工是以炼油厂的直馏产品(常减压蒸馏产品)为原料再进行加工,以增加炼油厂轻油收率或提高产品质量、增加油品品种的过程。

注:热裂化、催化裂化、延迟焦化、催化重整、加氢裂化等均属于二次加工过程。

Вторичная переработка сырой нефти. Вторичная переработка сырой нефти представляет собой процесс переработки прямогонных продуктов нефтеперерабатывающего завода (продуктов атмосферно-вакуумной дистилляции) как сырья, с целью увеличения выхода легких нефтепродуктов или повышения качества продуктов, увеличения сортов нефтепродуктов нефтеперерабатывающего завода.

Примечание: Термический крекинг, каталитический крекинг, замедленное коксование, каталитический риформинг и гидрокрекинг-все это процессы вторичной переработки.

常压蒸馏（atmospheric distillation）　常压蒸馏指在常压下对原油进行的蒸馏，使馏出物分离成若干具有适当沸点范围的馏分的过程。

Атмосферная дистилляция. Атмосферная дистилляция представляет собой процесс проведения дистилляции сырой нефти при атмосферном давлении для разделения дистиллята на несколько фракций с соответствующим диапазоном температур кипения.

减压蒸馏（vacuum distillation）　减压蒸馏指为避免发生裂解反应，对常压渣油进行减压（低于大气压）条件下的蒸馏的过程。

Вакуумная дистилляция. Вакуумная дистилляция представляет собой процесс проведения дистилляции атмосферного остатка в вакуумных условиях (при давлении ниже атмосферного) во избежание происхождения реакции расщепления.

催化精馏（catalytic distillation）　催化精馏是将催化剂装填于精馏塔内，使催化反应和精馏分离在同一个塔中连续进行，是集非均相催化反应、精馏分离于一体，借助分离与反应的耦合来强化反应与分离的一种化工过程。

Каталитическая дистилляция. Каталитическая дистилляция заключается в загрузке катализатора в перегонную колонну таким образом, чтобы каталитическая реакция и дистилляционное разделение осуществлялись непрерывно в одной и той же колонне. Это химический процесс, который интегрирует гетерогенную каталитическую реакцию и дистилляционное разделение и усиливает реакцию и разделение за счет связывания разделения и реакции.

芳构化（aromatization）　烷烃或环烷烃经脱氢转变为芳烃的过程，主要用于将低辛烷值汽油转化成高辛烷值汽油、液化石油气和干气。

Ароматизация. Это процесс превращения алканов или циклоалканов в ароматические углеводороды путем дегидрогенизации. Он в основном применяется для превращения низкооктанового бензина в высокооктановый бензин, сжиженный нефтяной газ и сухой газ.

渣油浆态床加氢裂化(residue slurry phase hydrocracking, slurry bed hydrocracking) 渣油浆态床加氢裂化指以常压渣油、减压渣油或二者的混合物为原料,在浆态床反应器中,渣油、氢气和催化剂形成浆态状反应物流采用上行式流动方式进行裂化反应的重油轻质化工艺。

Суспензионный гидрокрекинг. Суспензионный гидрокрекинг представляет собой технологию превращения тяжелых нефтепродуктов в легкие нефтепродукты, в которой в качестве сырья используются атмосферный остаток, вакуумный остаток или их смесь. В реакторе с суспендированным слоем остаток, водородный газ и катализатор образуют восходящий реакционный поток в виде суспензии для проведения реакции крекинга.

渣油沸腾床加氢裂化(residue ebullated-bed hydrocracking) 渣油沸腾床加氢裂化指以常压渣油、减压渣油或二者的混合物为原料,在沸腾床反应器中进行裂化反应的重油轻质化工艺。

Гидрокрекинг остатков в кипящем слое. Гидрокрекинг остатков в кипящем слое представляет собой технологию превращения тяжелых нефтепродуктов в легкие нефтепродукты, в которой в качестве сырья используются атмосферный остаток, вакуумный остаток или их смесь для проведения реакции крекинга в реакторе с кипящим слоем.

设备相关词汇

Термины по оборудованию

反应器(reactor) 反应器又称化学反应设备,是实现化学反应过程的设备。其结构和形式与化学反应过程的类型和性质有密切的关系,设备内部常放置各种各样的内构件。

Реактор. Реактор также называется устройством для химической реакции. Он представляет собой устройство для проведения химических процессов. Его конструкция и форма тесно связаны с видом и свойствами химического процесса. В устройстве часто устанавливаются различные внутренние элементы.

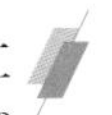

轴向反应器（axial reactor） 轴向反应器指反应介质顺着反应器轴向通过催化剂床层而完成反应的反应器。

Реактор с подачей сырья по оси реактора. Реактор с подачей сырья по оси реактора представляет собой тип реактора, в котором реакционная среда проходит через слой катализатора вдоль осевого направления реактора для выполнения реакции.

径向反应器（radial reactor; radial flow reactor） 径向反应器指反应介质顺着反应器半径方向通过催化剂床层而完成反应的反应器。

Радиальный реактор/реактор с радиальным потоком. Радиальный реактор/реактор с радиальным потоком представляет собой тип реактора, в котором реакционная среда проходит через слой катализатора вдоль радиального направления реактора для выполнения реакции.

热壁反应器（hot wall reactor） 依据反应器壁温进行划分，由于未设置内隔热层，反应器壁温与反应温度（反应器内部温度）相差不大的反应器称为热壁反应器。

Реактор с горячей стенкой. Реактором с горячей стенкой называют реактор, температура стенки которого не сильно отличается от температуры реакции (внутренней температуры реактора) по причине того, что не установлен внутренний теплоизоляционный слой.

冷壁反应器（cold wall reactor） 依据反应器壁温进行划分，由于内隔热层的作用，使反应器壁温远小于反应温度（反应器内部温度）的反应器称为冷壁反应器。

Реактор с холодной стенкой. Реактором с холодной стенкой называют реактор, температура стенки которого значительно ниже температуры реакции (внутренней температуры реактора) за счет действия внутреннего теплоизоляционного слоя.

固定床反应器(fixed bed reactor) 固定床反应器指在反应过程中,气体和液体反应物流经反应器中的催化剂床层时,催化剂床层保持静止不动的反应器。该反应器按照反应物料流动方向分为上流式和下流式。固定床反应器结构示意图如图 2–3 所示。

Реактор с неподвижным слоем. Реактор с неподвижным слоем представляет собой тип реактора, в котором слой катализатора остается неподвижным, когда реакционный поток газа и жидкости проходит через слой катализатора в реакторе во время процесса реакции. В зависимости от направления потока реакционной смеси различают реакторы с восходящим потоком и с нисходящим потоком. Конструкция реактора с неподвижным слоем катализатора показана на рисунке 2–3.

鼓泡床反应器(bubbling bed reactor) 鼓泡床反应器指气体通过气体分布器在液相反应物流中形成鼓泡(大量气泡),产生气、液接触界面和湍流的反应器。

Реактор с барботажным слоем. Реактор с барботажным слоем представляет собой тип реактора, в котором газ проходит через газораспределительное устройство и образует барботаж (большое количество пузырей) в жидкофазном реакционном потоке, в результате чего образуются поверхность контакта газа с жидкостью и турбулентный поток.

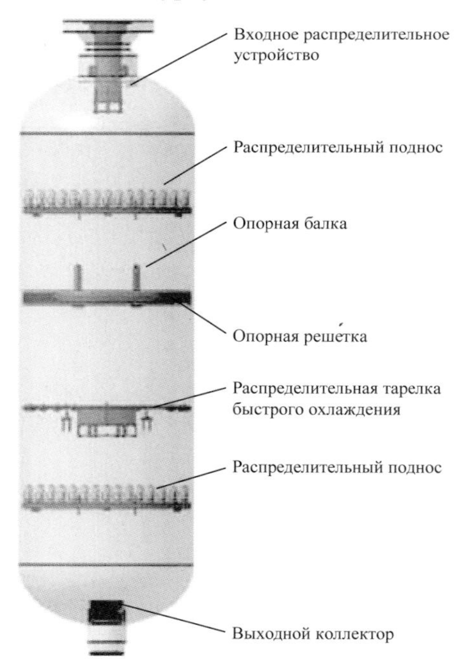

图 2–3 固定床反应器

Рисунок 2–3 Реактор с неподвижным слоем катализатора

滴流床反应器(trickle bed reactor)　滴流床反应器指气体和液体反应物通过分配器向处于下部的静止固体催化剂均匀喷洒，在流经催化剂的过程中发生化学反应，其流体流向以气、液两相并流向下运动，流体流动形式为活塞流。

Реактор со струйным слоем.　Реактор со струйным слоем представляет собой тип реактора, в котором газовые и жидкие реактивы равномерно распыляются через распределительное устройство на неподвижный твердый катализатор в нижней части, и в процессе прохождения через катализатор происходит химическая реакция. Направление потока текучей среды–газожидкостный двухфазный нисходящий поток, а режим движения текучей среды–поршневой.

浆态床反应器(slurry bed reactor)　浆态床反应器又称浆液床反应器。在反应器中，催化剂以细小颗粒状均匀悬浮在反应原料油和氢气的混合物中，形成气—固—液三相浆液态反应体系，反应物料上行式流动，使催化剂固体小颗粒不致沉积在反应器底部，反应可以均匀地在整个反应器中进行。

Реактор с шламовым слоем.　В реакторе с шламовым слоем катализатор равномерно суспендируется в смеси сырого масла и водорода в виде мелких частиц, и образуется трехфазная реакционная система (газ, твердый катализатор и жидкость). Реакционная смесь двигается восходящим потоком, так что твердые мелкие частицы катализатора не осаждаются на дне реактора, и реакция может осуществляться равномерно по всему реактору.

沸腾床反应器(ebullated-bed reactor)　沸腾床反应器是气—液—固三相流化催化反应器，催化剂在器内呈沸腾液体状态，可用于加工高硫、高氮、高金属(镍和钒)和高沥青质含量的劣质重渣油原料。

Реактор с кипящим слоем.　Реактор с кипящим слоем представляет собой тип реактора с трехфазным псевдоожиженным слоем катализатора (газ, жидкость, твердый катализатор), в котором катализатор находится в кипящем жидком состоянии. Он может использоваться для переработки низкосортного мазутного и остаточного сырья с высоким содержанием серы, азота, металлов (никеля и ванадия) и асфальтенов.

新氢压缩机（make-up compressor） 新氢压缩机是为装置提供反应所需的高压新鲜氢气的设备。

Подпиточный водородный компрессор. Подпиточный водородный компрессор представляет собой оборудование, используемое для подачи на установку свежего водородного газа высокого давления, необходимого для протекания реакции.

循环氢压缩机（circulating hydrogen compressor） 循环氢压缩机是将从反应器出来的未参加化学反应的富含氢气的气体加压再送回系统中去进行反应的设备。

Циркуляционный водородный компрессор. Циркуляционный водородный компрессор представляет собой оборудование, используемое для увеличения давления обогащенного водородом газа, выходящего из реактора, который не участвовал в химической реакции, и затем подачи его обратно в систему для участия в реакции.

分馏塔（fractionator） 分馏塔是利用不同物质沸点的差异，对混合挥发液体进行分馏的一种化工设备。

Фракционирующая колонна. Фракционирующая колонна–это разновидность химического оборудования, которое использует разницу в температурах кипения различных веществ для фракционирования смешанных летучих жидкостей.

高压分离器（high-pressure separator） 高压分离器是加氢装置分离系统的主要设备，其操作压力为反应系统压力，进行的是反应物流气、液两相分离过程，主要作用是将氢气从液态烃产物中分离。

Сепаратор высокого давления. Сепаратор высокого давления является основным оборудованием системы сепарации установки гидрогенизации. Его рабочее давление принято равным давлению реакционной системы. В нем выполняется процесс газожидкостной двухфазной сепарации в реакционном потоке. Его основной функцией является отделение водорода от жидких углеводородных продуктов.

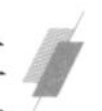

热高压分离器（hot high-pressure separator）　热高压分离器是加氢装置分离系统的主要设备，主要用于反应物流气、液分离过程，操作温度一般为200～300℃、操作压力为反应系统压力，设置于向反应器流出物中注水点之前。

Горячий сепаратор высокого давления　Горячий сепаратор высокого давления является основным оборудованием системы сепарации установки гидрогенизации, которое в основном используется для процесса газожидкостной сепарации в реакционном потоке. Его рабочая температура обычно составляет 200–300℃, а рабочее давление принято равным давлению реакционной системы. Он устанавливается перед точкой закачки воды в вытекающий поток из реактора.

冷高压分离器（cold high-pressure separator）　冷高压分离器是加氢装置分离系统的主要设备，主要用于反应物流中的油、气、水三相分离过程，操作温度一般为40～60℃、操作压力为反应系统压力，设置于向反应器流出物中注水点之后。

Холодный сепаратор высокого давления.　Холодный сепаратор высокого давления является основным оборудованием системы сепарации установки гидрогенизации, которое в основном используется для процесса трехфазной сепарации масла, газа и воды в реакционном потоке. Его рабочая температура обычно составляет 40–60 ℃, а рабочее давление принято равным давлению реакционной системы. Он устанавливается после точки подачи воды в вытекающий поток из реактора.

低压分离器（low-pressure separator）　低压分离器是加氢装置分离系统的主要设备，主要目的为对高压分离器处理后的液相物料在低压下再次进行深度气液分离。

Сепаратор низкого давления.　Сепаратор низкого давления является основным оборудованием системы сепарации установки гидрогенизации, основной целью которого является повторная глубокая газожидкостная сепарация в жидкофазной смеси из сепаратора высокого давления при низком давлении.

热低压分离器(hot low-pressure separator) 热低压分离器是加氢装置分离系统的主要设备,主要用于对高压分离器处理后的液相物料在低压下再次进行气液分离,操作温度一般为200～300℃、操作压力通常为3.0MPa左右,气相经空冷后进入冷低压分离器,液相进入脱硫化氢汽提塔。

Горячий сепаратор низкого давления. Горячий сепаратор низкого давления является основным оборудованием системы сепарации установки гидрогенизации, которое в основном используется для повторной газожидкостной сепарации в жидкофазной смеси из сепаратора высокого давления при низком давлении. Его рабочая температура обычно составляет 200–300℃, а рабочее давление–около 3,0 МПа. После воздушного охлаждения газовая фаза поступает в холодную камеру, а жидкая фаза–в отпарную колонну для удаления сероводорода.

冷低压分离器(cold low-pressure separator) 冷低压分离器是加氢装置分离系统的主要设备,主要用于对高压分离器处理后的液相物料在低温、低压下进行气、油、水的三相分离,操作温度一般为40～60℃、操作压力通常为3.0MPa左右,气相进入脱硫系统,油相进入脱硫化氢汽提塔,水相进污水系统。

Холодный сепаратор низкого давления. Холодный сепаратор низкого давления является основным оборудованием системы сепарации установки гидрогенизации, которое в основном используется для процесса трехфазной сепарации газа, масла и воды в жидкофазной смеси из сепаратора высокого давления при низкой температуре и низком давлении. Его рабочая температура обычно составляет 40–60℃, а рабочее давление–около 3,0 МПа. Газовая фаза поступает в систему десульфурации, масляная фаза–в отпарную колонну для удаления сероводорода, а водная фаза–в сточную систему.

硫化剂罐（sulfiding agent tank）　储存硫化剂的专用储罐，在催化剂预硫化或系统补硫时将硫化剂注入其中，硫化剂需使用水封或惰性气体隔绝空气，以防止注硫时空气注入反应系统。

Бак для сульфидирующего агента.　Бак для сульфидирующего агента представляет собой специальную емкость для хранения сульфидирующего агента, в которую подается сульфидирующий агент во время предварительного сульфирования катализатора или пополнения системы серой. Сульфидирующий агент необходимо герметизировать водой или инертным газом для прекращения доступа воздуха, чтобы предотвратить попадание воздуха в реакционную систему во время закачки серы.

混氢器（hydrogen mixer）　混氢器是一种加强氢气与反应物料混合效果，即增加氢气在反应物料中溶解率的设备，是目前加氢反应系统重要的设备，起到节省氢气、改善加氢反应效率的作用。

Водородный смеситель.　Водородный смеситель представляет собой устройство, которое усиливает эффект смешивания водорода с реакционной смесью, то есть увеличивает коэффициент растворимости водорода в реакционной смеси. Это важное оборудование реакционной системы гидрогенизации, которое способствует сокращению расхода водорода и улучшению эффективности гидрогенизационной реакции.

反应器入口扩散器（reactor inlet diffuser） 反应器入口扩散器也称分配器，是为了防止反应进料直接冲击分配盘而设置在反应器入口处的设备，其上设置多个与反应进料垂直的孔道，避免进入反应器的物流冲击分配盘，也可有效防止物流短路而导致分配不均。

Входной диффузор реактора. Входной диффузор реактора также называется распределительным устройством, представляет собой устройство, установленное на входе в реактор для предотвращения непосредственного воздействия подаваемого реакционного сырья на распределительную тарелку. На нем предусмотрено множество поровых каналов, перпендикулярных реакционному потоку, для того чтобы избежать воздействия поступающего в реактор потока на распределительную тарелку, и это может эффективно предотвратить неравномерное распределение сырьевого потока.

液体分配盘（liquid distribution plate） 液体分配盘是保证液体物料均匀分布的内构件，主要应用于反应器、分馏塔等设备中，安装于反应器入口扩散器下部，是由多个部分组成的圆盘状设备，其中每一部分均由分布盘板和多个泡罩组成。

Тарелка для распределения жидкости. Тарелка для распределения жидкости представляет собой внутренний элемент, обеспечивающий равномерное распределение жидкой смеси. Она в основном применяется в реакторах, ректификационных колоннах и другом оборудовании, установлена в нижней части входного диффузора реактора, и представляет собой дискообразное устройство, состоящее из нескольких частей, каждая из которых состоит из пластины разделительной тарелки и множества колпачков.

结垢篮（fouling basket） 结垢篮又称筒式过滤器，是空心圆筒形结构的加氢反应器内构件，主要起到过滤反应物料、积存沉积物和固体垢屑的作用。

Цилиндрический фильтр. Цилиндрический фильтр, представляет собой внутренний элемент реактора гидрогенизации с полой цилиндрической конструкцией. Она в основном используется для фильтрации реакционной смеси, накопления осадков и твердых грязей.

冷氢管（cold hydrogen tube） 冷氢管为反应器内构件，设置于反应器催化剂床层之间，用于向急冷箱注入冷氢。

Холодная водородная трубка. Холодная водородная трубка представляет собой внутренний элемент реактора, установленный между слоями катализатора в реакторе и используемый для подачи холодного водорода в камеру быстрого охлаждения.

出口集油器（export oil collector） 出口集油器为反应器内构件，设置在反应器的底部，在出口管道前端，外层铺设筛网或筛板，呈圆柱形式。用于汇集反应后的物流，便于集中排出反应器。

Выпускной коллектор. Выпускной коллектор представляет собой внутренний элемент реактора, установленный в нижней части реактора, на переднем конце выходной трубы, с наружным слоем ситового полотна или ситовой пластинки, в цилиндрическом виде. Он используется для совместного вывода потоков из реактора.

支撑格栅（support grid） 支撑格栅是填料塔、反应器等设备的主要结构型内构件，起到支撑填料重量并加强塔器结构的作用。

Опорная решетка. Опорная решетка является основным конструктивным внутренним элементом насадочной колонны, реактора и другого оборудования, используется для поддерживания веса заполнителя и укрепления конструкции колонны.

支撑梁（bearer bar） 支撑梁是塔器、反应器等设备的内构件，用于加强塔器结构、支撑安装于其上的其他内构件。

Опорная балка. Опорная балка представляет собой внутренний элемент колонн, реакторов и другого оборудования, используемый для укрепления конструкции колонн и поддерживания других внутренних конструкций, установленных на нем.

T 型梁（T–type bearer bar） T 型梁是横截面为 T 字形结构的支撑梁，用于在其上安装其他重要的内构件，例如分配盘、帽罩板、支撑格栅、冷氢箱等。

T–образная опорная балка. T–образная опорная балка представляет собой опорную балку, имеющую T–образное поперечное сечение, используемую для установки на ней других важных внутренних конструкций, таких как распределительная тарелка, панель чехла, опорная решетка, резервуар для жидкого водорода и т.д.

卸剂口（unloading port） 卸剂口是固定床反应器将催化剂卸出的专用通道，设置在催化剂床层底部相应的反应器壁上。

Разгрузочное отверстие. Разгрузочное отверстие представляет собой специальный канал на реакторе с неподвижным слоем для выгрузки из него катализатора. Он устанавливается на соответствующей стенке реактора в нижней части слоя катализатора.

第三章 炼油催化剂及相关词汇

Часть III. Катализаторы нефтепереработки и соответствующие термины

催化裂化催化剂及相关词汇

Катализаторы каталитического крекинга и соответствующие термины

基础词汇

集总动力学模型(lumped kinetic model) 按照各类分子的动力学特性,将反应体系划分成若干个集总组分,在动力学研究中把每个集总作为虚拟的单一组分来考察,建立的集总动力学的数学模型。催化裂化反应动力学模型先后开发出了三、四、五、六、八、十、十一和十三集总等各种集总模型。

Основные термины

Сосредоточенная кинетическая модель. В соответствии с кинетическими характеристиками различных молекул реакционная система делится на несколько сосредоточенных компонентов. В кинетическом исследовании каждый сосредоточенный компонент исследуется как виртуальный отдельный компонент, и устанавливается математическая модель кинетики с сосредоточенными параметрами. Были последовательно разработаны групповые кинетические модели реакции каталитического крекинга с сосредоточенными параметрами с учетом трех, четырех, пяти, шести, восьми, десяти, одиннадцати и тринадцати групп.

正碳离子反应机理(positive carbonium ion reaction mechanism) 正碳离子指含有一个带正电荷的碳原子的烃离子,包括三配位正碳离子(carbenium ion)和五配位正碳离子(carbonium ion)。正碳离子反应机理指在烃类催化裂化反应过程中,首先生成正碳离子中间体,然后再生成相应的反应产物的反应机理。

注:在烃类催化裂化反应中,同时存在单分子裂化反应和双分子裂化反应,这两种反应过程存在相互作用,构成一个遵循正碳离子反应机理的链式反应系统。

Карбоний–ионный механизм реакции. Карбоний–ион (карбокатион) –углеводородный ион с положительно заряженным атомом углерода, включая трехкоординационный карбокатион и пятикоординационный карбокатион. Карбоний–ионный механизм заключается в том, что в процессе каталитического крекинга углеводородов сначала образуются промежуточные карбокатионы, а затем образуется соответствующий продукт реакции.

Примечание: В процессе каталитического крекинга углеводородов одновременно протекают мономолекулярная и бимолекулярная реакция. Два реакционных процесса взаимодействуют, образуя систему цепной реакции, которая следует карбоний–ионному механизму.

链反应机理(chain reaction mechanism) 链反应机理指由链引发(initiation)、链传递(propagation)和链终止(termination)三部分构成的烃类催化裂化链反应系统的反应机理。

Цепной механизм реакции. Это механизм реакции системы цепной реакции каталитического крекинга углеводородов, состоящий из трех частей: зарождения цепи, развития цепи и обрыва цепи.

自由基反应(free radical reaction) 自由基反应又称游离基反应,是自由基参与的各种化学反应。按共价键均裂方式进行的有机反应称为自由基反应。自由基反应一般都经过链引发、链转移、链终止三个阶段。

注:催化裂化过程中热裂化反应遵循自由基反应机理。

Свободнорадикальная реакция. Свободнорадикальные реакции представляют собой различные химические реакции, в которых участвуют свободные радикалы. Свободнорадикальной реакцией называется органическая реакция, которая протекает способом гомолитического разрыва ковалентной связи. Свободнорадикальные реакции обычно имеют три стадии, а именно стадии зарождения, развития и обрыва цепи.

Примечание: Реакция термического крекинга в процессе каталитического крекинга протекает по свободнорадикальному механизму.

裂化反应(cracking reaction) 在一定条件下,将相对分子质量较大、沸点较高的烃断裂为相对分子质量较小、沸点较低的烃的过程。单靠热的作用发生的裂化反应称为热裂化,在催化作用下进行的裂化叫作催化裂化。

Реакция крекинга. Процесс расщепления углеводорода с большой относительной молекулярной массой и высокой температурой кипения на углеводород с меньшей относительной молекулярной массой и низкой температурой кипения при определенных условиях. Реакция крекинга, происходящая только под действием тепла, называется термическим крекингом, а крекинг, осуществляемый под действием катализа, называется каталитическим крекингом.

氢转移反应(hydrogen transfer) 氢转移反应是一种从大的、贫氢分子中抽取氢,使烯烃(主要是异构烯烃)转化为烷烃的二次反应。

Перенос водорода. Тип вторичной реакции, в которой при переносе водорода из больших бедных водородом олефинов (в основном путем изомеризации) образуются алканы.

缩合反应(condensation) 缩合反应指小分子单烯烃经过正碳离子中间体发生叠合、负氢离子转移、环化反应,直至最后生成焦炭的反应。

Реакция конденсации. Реакция, в которой мономер олефина подвергается полимеризации, переносу водорода и циклизации через промежуточные карбокатионы с окончательным образованием кокса.

脱氢反应(dehydrogenation) 当催化裂化原料中含有较多的环烷烃或者在催化剂表面上沉积一定量的金属 Ni、V 时,催化裂化原料中的烃类将发生脱氢反应生成不饱和烃类和氢分子。

Реакция дегидрогенизации. Когда сырье каталитического крекинга содержит большое количество полиметиленов, или на поверхности катализатора осаждается определенное количество металлов Ni и V, углеводороды в сырье каталитического крекинга будут подвергаться реакции дегидрирования с образованием ненасыщенных углеводородов и молекул водорода.

密相输送(dense phase pipelining) 密相输送指在流化催化裂化装置中的加料线、卸料线、提升管、反应器等设备中,输送催化剂的浓度大于100kg/m^{3}的催化剂输送方式。

Транспорт в плотной фазе. Способ транспорта катализатора, применяемый для подачи катализаторов концентрацией более 100 кг/м^3 в линии подачи, линии выгрузки, лифтовой трубе, реакторе и другом оборудовании установки флюид-каталитического крекинга.

终止反应技术(termination reaction technology) 终止反应技术指在提升管反应器的中上部某一适当位置注入终止剂(冷却介质),利用终止剂的汽化降温作用,降低提升管中上部的反应温度,实现抑制二次裂化反应的工艺。

Технология прекращения реакции. Технология заключается в том, что в подходящее место в средней и верхней части лифт-реактора вводится обрывающий цепь агент (охлаждающая среда), и, благодаря эффекту снижения температуры при испарении обрывающего агента, снижается температура в средней и верхней части лифтовой трубы, и таким образом осуществляется процесс ингибирования вторичного крекинга.

平衡活性(equilibrium catalyst activity) 催化裂化催化剂在一定的补充率时,催化剂体系就能维持一个比较稳定的活性水平,称之为平衡活性。

Равновесная активность катализатора. Когда катализатор каталитического крекинга пополняется с определенной скоростью, каталитическая система может поддерживать относительно стабильный уровень активности, называемый равновесной активностью.

微反活性法(micro-reactor method) 微反活性法指在实验室中,在一定的测试条件和原料下,以催化裂化小型实验装置进行的催化裂化催化剂活性评价实验。由于该方法在测定时固定测试条件和原料,为标准的测定方法,因此催化剂活性测定结果相互可以直接对比。

Метод оценки активности катализатора крекинга в микрореакторе. Тест по оценке активности катализатора каталитического крекинга, проводимый на пилотной установке каталитического крекинга в лаборатории при определенных условиях испытания и определенном сырье. Метод фиксирует условия тестирования и сырье во время измерений и является стандартным методом измерения, поэтому результаты измерения активности катализатора можно непосредственно сравнивать друг с другом.

生炭因数(coke factor) 生炭因数指焦炭产率与二级转化率之比。其中,二级转化率为转化率与未转化物质的百分数之比,即为转化率 /(100%- 转化率)。

Фактор коксообразования. Отношение выхода кокса к коэффициенту конверсии второй степени. Здесь коэффициент конверсии второй степени–отношение коэффициента конверсии к неконвертируемому проценту, то есть коэффициент конверсии/(100%–коэффициент конверсии).

生气因数(gas production factor) 生气因数指催化裂化工艺的裂化产物中氢气与甲烷的物质的量比。

Фактор газообразования. Молярное соотношение водорода и метана в продукте процесса каталитического крекинга.

生焦动力学(coke dynamic) 生焦动力学是关于各种烃类发生缩合生焦反应的动力学。

Динамика коксообразования. Динамика процесса конденсации различных углеводородов с образованием кокса.

结焦失活动力学(coking deactivity dynamic) 结焦失活动力学是关于催化剂因结焦失去催化反应活性的动力学。

Динамика дезактивации катализатора из-за коксообразования. Динамика снижения каталитической активности из-за коксообразования.

热老化(thermal aging) 催化裂化装置在流化操作出现异常时,催化裂化催化剂可能处于极高温度(> 950℃)下,此时载体和沸石组分均遭到破坏(即比表面积下降、孔体积缩小、部分结构被破坏),导致催化剂活性损失,这种失活称为热老化或称热失活。

Термическое старение. Когда процесс флюидизации на установке каталитического крекинга протекает ненормально, катализатор крекинга может находиться при чрезвычайно высокой температуре (>950℃). В это время разрушаются как носитель, так и цеолитовые компоненты (то есть уменьшается удельная поверхность, уменьшается объем пор и разрушается часть структуры), что приводит к потере активности катализатора. Такой вид инактивации называется термическим старением или термической инактивацией.

催化焦(catalytic coke) 催化焦是在催化裂化反应过程中,由催化裂化反应引起的生焦。该焦与氢转移、烷基转移、质子迁移以及缩合等反应密切相关。

Каталитический кокс. Коксообразование, вызванное реакцией каталитического крекинга в процессе каталитического крекинга. Этот вид кокса тесно связан с переносом водорода, переносом алкилов, миграцией протонов и реакцией конденсации.

剂油比焦(stripped coke) 剂油比焦也称可汽提焦,是汽提不干净而留在催化裂化催化剂孔内的稠状物,可以被带至再生器烧掉,是一种软焦,此种焦与催化剂的孔结构和酸性质有关。

Отпаренный кокс. Это густое вещество, которое остается в порах катализатора каталитического крекинга из-за неполной отгонки и может быть отправлено в регенератор для сжигания. Этот вид кокса связан с поровой структурой и кислотными свойствами катализатора.

污染焦(contaminated coke; metals coke) 污染焦指催化裂化催化剂受到污染而引起的生焦,如 Ni、V、Fe、Cu 等金属沉积在催化剂表面引起脱氢、缩合等反应生焦,或是催化剂孔口被炭堵塞,物流不畅导致过度裂化而生焦。

Кокс загрязнений. Коксообразование, вызванное загрязнением катализатора каталитического крекинга. Например, осаждение металлов Ni, V, Fe, Cu и т.д. на поверхности катализатора вызывает реакции дегидрирования и конденсации с образованием кокса, или пора катализатора забивается углеродом, а препятствие к потоку материала приводит к перекрекингу и образованию кокса.

附加焦(additional coke; feed concarbon coke) 附加焦也称原料焦,这是原料中的胶质、沥青质等高沸点、稠环化合物吸附在催化裂化催化剂表面经缩合反应生成的焦。

Адсорбированный кокс. также известный как сырой кокс. Это кокс, образующийся в результате реакции конденсации и высококипящих соединений с сочлененными кольцами, содержащихся в сырье, таких как смолистые и асфальтовые вещества, которые адсорбированы на поверхности катализатора каталитического крекинга.

催化剂常用词汇

Общеупотребительные термины катализаторов

基质(base material) 基质是半合成分子筛裂化催化剂的一种组分,分子筛被分散在其中,由黏结剂、黏土和一些特殊的功能组分构成。基质为裂化催化剂提供流化过程所需的形状、粒度和机械强度,对沸石组分起分散和保护作用。

注:基质常用于FCC催化剂的非分子筛活性组分的术语。

Матрица. Матрица представляет собой компонент полусинтетического катализатора крекинга на основе молекулярного сита, который состоит из связующего вещества, глины и некоторых специальных функциональных компонентов. В ней диспергировано молекулярное сито. Матрица обеспечивает форму, размер частиц и механическую прочность катализатора крекинга, необходимые для процесса флюидизации, а также выполняет функции дисперсии и защиты цеолитовых компонентов.

Примечание: «Матрица» обычно используется как термин для обозначения активных компонентов катализатора каталитического крекинга, не отнесенных к молекулярным ситам.

新鲜催化裂化催化剂(fresh FCC catalyst) 新鲜催化裂化催化剂简称新鲜剂,是指新生产的未经使用的催化裂化催化剂。该概念是区别于催化裂化装置中循环使用的催化裂化催化剂(平衡剂)的词汇。

Свежий катализатор каталитического крекинга. Свежий катализатор каталитического крекинга, или сокращенно свежий катализатор–это недавно произведенный и неиспользованный катализатор каталитического крекинга. Это понятие используется для отличия от катализатора каталитического крекинга, рециркулируемого в установке каталитического крекинга (равновесного катализатора).

平衡催化裂化催化剂(catalytic cracking equilibrium catalyst) 平衡催化裂化催化剂简称平衡剂，是催化裂化装置中使用的催化剂，经过反复反应—再生循环使用，老化、降活、损耗、补充，处于一种稳定的动态平衡之中的催化剂。

Равновесный катализатор каталитического крекинга. Равновесный катализатор каталитического крекинга, или сокращенно равновесный катализатор–это катализатор, используемый в установке каталитического крекинга, который многократно участвует в реакции, регенерируется и рециркулируется, а затем «стареет» из-за дезактивации, потерь, и так находится в стабильном динамическом равновесии.

待生催化剂(spent catalyst) 待生催化剂指参与完成了催化裂化反应，并存放于催化裂化装置的待生斜管中，等待再生的催化裂化催化剂。

Отработанный катализатор. Отработанный катализатор представляет собой катализатор каталитического крекинга, который, завершив участие в реакции каталитического крекинга, хранится в наклонной трубе для отработанного катализатора в ожидании регенерации.

再生催化剂(regenerated FCC catalyst) 再生催化剂在催化裂化领域指再生裂化催化剂，是将待生催化剂送入再生器中进行烧焦再生过程而获得恢复裂化活性的催化剂，称为再生裂化催化剂。

Регенерированный катализатор. Регенерированный катализатор в области каталитического крекинга представляет собой регенерированный катализатор крекинга, крекинговая активность которого восстанавливается в результате процесса регенерации отработанного катализатора путем сжигания кокса в регенераторе.

全合成型催化剂(fully synthetic catalyst) 全合成型催化剂的基质由合成的无定形 SiO_2–Al_2O_3 构成，表观密度较小，为 0.45～0.5 g/mL，但该类型催化剂的抗磨性差。

Полностью синтетический катализатор. Матрица полностью синтетического катализатора состоит из синтетического аморфного SiO_2–Al_2O_3 с небольшой кажущейся плотностью от 0,45 до 0,5 г/мЛ, но износостойкость этого типа катализатора низкая.

半合成型催化剂(semi-synthetic type catalyst) 半合成型催化剂的基质中均含有高岭土,使其孔结构得到了改善。该类催化剂活性、稳定性、可汽提性、裂化大分子的能力和抗重金属能力较强,抗磨性能好。按基质中黏结剂的不同,分为活性基质和惰性基质两类。

Полусинтетический катализатор. Матрица полусинтетического катализатора содержит каолин, который улучшает его поровую структуру. Этот тип катализатора обладает высокой активностью, стабильностью, отпариваемостью, способностью к растрескиванию макромолекул и устойчивостью к воздействию тяжелых металлов, а также хорошей износостойкостью. В зависимости от различных связующих веществ в матрице она делится на два типа: активную матрицу и инертную матрицу.

全白土型催化剂(all-clay type catalyst) 全白土型催化剂是将活性组分与基质集成为一个整体,其耐磨性、汽提性能优于REY型催化剂,该催化剂裂化活性高,具有优异的抗重金属污染能力,但其表观密度一般较大。

Катализатор типа белой глины. Катализатор типа белой глины объединяет активный компонент с матрицей в одно целое. Его износостойкость и отпариваемость лучше, чем у катализатора на основе цеолита Y, промотированного редкоземельными элементами. Этот тип катализатора обладает высокой активностью крекинга и отличной стойкостью к загрязнению тяжелыми металлами, но его кажущаяся плотность, как правило, велика.

REY 型催化剂（REY type catalyst） REY 型催化剂具有裂化活性高、水热稳定性好、汽油收率高的特点，但产品的选择性差，焦炭、气体产率高，汽油辛烷值低。该催化剂适用于加工直馏馏分油原料，并采用较为缓和的操作条件。

Катализатор на основе цеолита Y, промотированного редкоземельными элементами. Катализатор на основе цеолита Y, промотированного редкоземельными элементами, обладает высокой активностью крекинга, хорошей гидротермальной устойчивостью и высоким выходом бензина, но селективность продукта низкая, выход кокса и газа высокий, и октановое число бензина низкое. Этот тип катализатора подходит для переработки прямогонного дистиллятного сырья при более мягких условиях эксплуатации.

REHY 型催化剂（REHY type catalyst） REHY 型催化剂是为适应催化原料重质化的要求开发的催化裂化催化剂，具有良好的产品选择性、较高的水热稳定性。REHY 型催化剂的性能介于 REY 型和 USY 型之间，兼顾了活性、选择性和稳定性。

Катализатор на основе цеолита Y, в протонированной H-форме промотированного редкоземельными элементами. Катализатор на основе цеолита Y, в протонированной H-форме промотированного редкоземельными элементами, представляет собой катализатор каталитического крекинга, разработанный с учетом требований утяжеленного сырья крекинга. Он отличается хорошей селективностью продукта и высокой гидротермальной устойчивостью. Характеристики катализатора на основе цеолита Y, в протонированной H-форме промотированного редкоземельными элементами, находятся между катализатором на основе цеолита Y, промотированного редкоземельными элементами, и катализатором на основе ультрастабильного цеолита Y, принимая во внимание активность, селективность и стабильность.

USY 型催化剂(USY type catalyst) USY 型催化剂能有效地抑制氢转移反应,适于加工重质原料,改善产品分布。具有焦炭选择性好、汽油辛烷值高、催化剂热稳定性高的优点,但其水热稳定性相对较差。

Катализатор на основе ультрастабильного цеолита Y. Катализатор на основе ультрастабильного цеолита Y может эффективно ингибировать перенос водорода, подходит для переработки утяжеленного сырья и улучшает распределение продукции. Он обладает хорошей селективностью коксообразования, высоким октановым числом бензина и высокой термостойкостью, но его гидротермическая устойчивость относительно низка.

复合型催化剂(composite catalyst) 复合型催化剂是为了满足原油重质化、劣质化,焦炭产率低,汽油最大化和多产丙烯的需求而开发的,活性组分为复合分子筛(含 REY、REUSY 和 ZSM-5 等)的催化裂化催化剂。

Композитный катализатор. Композитный катализатор представляет собой катализатор каталитического крекинга, разработанный для удовлетворения потребностей переработки тяжелой и низкосортной сырой нефти, низкого выхода кокса, максимизации производства бензина и увеличения производства пропилена, активным компонентом является композитное молекулярное сито (содержащее цеолит Y, промотированный редкоземельными элементами, ультрастабильный Y-цеолит и цеолит типа ZSM-5 и т.д.).

多产柴油催化裂化催化剂(prolific diesel catalytic cracking catalyst) 多产柴油催化裂化催化剂是为了应对市场需求而开发的以多产柴油馏分为目标的催化裂化催化剂。该催化剂适用于要求提高柴油收率及减少塔底油产率的各类重油催化裂化装置。

Катализатор каталитического крекинга для увеличения производства дизельного топлива. Катализатор каталитического крекинга для увеличения производства дизельного топлива представляет собой катализатор каталитического крекинга, разработанный в ответ на рыночный спрос с целью увеличения производства дизельных фракций. Этот катализатор подходит для всех видов установок каталитического крекинга тяжелой нефти, которые требуют увеличения выхода дизельного топлива и снижения выхода донных остатков колонны.

增产低碳烯烃裂化催化剂(increase the production of low-carbon olefin cracking catalyst) 低碳烯烃是重要的化工原料,因此针对市场需求,开发了以增产低碳烯烃为目标的专用的催化裂化催化剂。

Катализатор крекинга для увеличения производства легких олефинов. Легкие олефины являются важным химическим сырьем, поэтому в ответ на рыночный спрос был разработан специальный катализатор каталитического крекинга с целью увеличения производства легких олефинов.

催化裂解制低碳烯烃催化剂(catalytic cracking to produce low-carbon olefin catalyst) 催化裂解制低碳烯烃催化剂是在催化剂存在下对石油烃进行裂解制取低碳烯烃的工艺所使用的催化剂。

Катализатор каталитического крекинга для получения легких олефинов. Катализатор каталитического крекинга для получения легких олефинов представляет собой катализатор, используемый в технологии крекинга нефтяных углеводородов для получения легких олефинов в присутствии катализатора.

重油催化裂化催化剂(heavy oil catalytic cracking catalyst) 重油催化裂化催化剂是用于加工重油馏分(重油包含减压馏分油、常压渣油、减压渣油及一定掺渣率的减压馏分混合油、重质原油、油砂沥青等)的专用催化裂化催化剂。

Катализатор каталитического крекинга мазута. Катализатор каталитического крекинга мазута представляет собой специальный катализатор каталитического крекинга, используемый для переработки фракций мазута (мазут включает в себя вакуумный дистиллят, атмосферный остаток, вакуумный остаток и вакуумную дистиллятную смесь с определенной долей остатков, тяжелую сырую нефть, битум из нефтеносных песков и т.д.).

抗镍+钒重油催化裂化催化剂(nickel + vanadium-resistant heavy oil catalytic cracking catalyst) 抗镍+钒重油催化裂化催化剂是为了加工镍和钒含量均较高的原料油而开发的既抗镍又抗钒的重油裂化催化剂。该类型催化剂应用两个梯度的设计概念,通过优化配方,添加适量的钝化金属组分制备而得。

Устойчивый к никелю и ванадию катализатор каталитического крекинга мазута. Устойчивый к никелю и ванадию катализатор каталитического крекинга мазута разработан для переработки сырых масел с высоким содержанием никеля и ванадия. Этот тип катализатора использует концепцию двух градиентов и получается путем оптимизации рецептуры и добавления соответствующего количества пассивированных металлических компонентов.

抗钙重油催化裂化催化剂(calcium-resistant catalytic cracking catalyst for heavy oil) 抗钙重油催化裂化催化剂为了应对金属钙对催化剂的毒害作用而开发的催化裂化专用催化剂。

Кальцеустойчивый катализатор каталитического крекинга мазута. Кальцеустойчивый катализатор каталитического крекинга мазута представляет собой специальный катализатор каталитического крекинга, разработанный для борьбы с токсическим воздействием металлического кальция на катализатор.

渣油催化裂化催化剂(catalytic cracking catalyst for residue) 渣油催化裂化催化剂是以分子筛为主活性组分,新型基质材料及黏结剂为载体,该型催化剂具有基质孔体积大、比表面积大、孔道阶梯分布、初活性高、分子筛含量高等特点。适于加工全渣油原料、高金属高碱性氮的劣质重油及掺混高碱性氮焦化蜡油的渣油的混合油等劣质原料油。

Катализатор каталитического крекинга остатков. Катализатор каталитического крекинга остатков основан на молекулярных ситах как основном активном компоненте, и использует новый тип матричного материала и связующий агент в качестве носителя. Этот тип катализатора характеризуется большим объемом пор матрицы, большой удельной поверхностью, ступенчатым распределением поровых каналов и высоким содержанием высокомолекулярного сита с начальной активностью. Он подходит для переработки остаточного сырья, низкосортного мазута с высоким содержанием металлов и азотистых оснований, а также остатка с включением тяжелого газойля коксования с высоким содержанием азотистых оснований и других низкосортных сырых масел.

一氧化碳助燃剂(carbon monoxide combustion booster) 在催化裂化过程中,一氧化碳助燃剂是促进CO氧化成CO_2的助剂。其中CO是在催化裂化过程中,再生器中由于烧炭再生待生裂化催化剂而生成的。一氧化碳助燃剂按照金属活性组分种类不同分为贵金属和非贵金属两种。

Ускоритель горения монооксида углерода. В процессе каталитического крекинга ускоритель горения монооксида углерода представляет собой добавку, способствующую окислению CO до CO_2. Среди них, CO образуется при сжигании отложений углерода для регенерации отработанного катализатора крекинга в регенераторе в процессе каталитического крекинга. В зависимости от типов металлических активных компонентов различают ускорители горения монооксида углерода на основе драгоценных металлов и на основе недрагоценных металлов.

辛烷值助剂（octane number additive）　辛烷值助剂又称辛烷值增进添加剂，它是用来提高催化裂化汽油辛烷值的一类助剂。其主要活性组分为一种中孔择形分子筛。

Промотор октанового числа.　Промотор октанового числа также называется агентом для промотирования октаного числа. Он представляет собой добавку, используемую для повышения октанового числа бензина каталитического крекинга. Его основным активным компонентом является среднепористое формоселективное молекулярное сито.

SO_x 转移助剂（SO_x transfer additive）　SO_x 转移助剂是催化裂化过程中用于降低再生烟气中硫氧化物排放的一类助剂，多为固体助剂，少量为液体助剂。

Промотор трансфера SO_x.　Промоторы трансфера SO_x являются классом добавок, используемых в процессе каталитического крекинга для уменьшения выбросов оксидов серы в газах регенерации. Большинство из них представляют собой твердые добавки, а небольшое количество–жидкие добавки.

金属钝化剂（metal deactivator）　在催化裂化领域，金属钝化剂是一类添加到裂化催化剂或原料油中的助剂，可以使沉积在催化剂上的有害重金属减活，从而减少其对催化剂的毒害作用。工业中使用的钝化剂主要有锑型、铋型和锡型三类，还可分为有机金属钝化剂和无机金属钝化剂。

Дезактиватор металла.　В области каталитического крекинга металлические дезактиваторы представляют собой класс добавок, добавляемых к катализаторам крекинга или сырым маслам, которые могут инактивировать вредные тяжелые металлы, осаждающиеся на катализаторе, тем самым уменьшая его токсическое воздействие на катализатор. Существует три основных типа дезактиваторов, используемых в промышленности: сурьмяный, висмутовый и оловянный. Их также можно разделить на органометаллические дезактиваторы и дезактиваторы с металлами в составе неорганических соединений.

钒捕集剂(vanadium trap agent) 由于金属钒具有较强的流动性,且在催化剂钠含量较高时,可以对催化剂沸石骨架结构产生持续破坏,显著影响裂化催化剂的活性和选择性。而钒捕集剂就是专门开发的用于将金属钒固定,以降低其流动性和破坏作用的助剂。

Ловушка ванадия. Металлический ванадий обладает высокой подвижностью и может привести к продолжительному повреждению каркасной структуры цеолита катализатора при высоком содержании натрия в катализаторе, что значительно влияет на активность и селективность катализатора крекинга. Ловушка ванадия–это добавка, специально разработанная для фиксации металлического ванадия с целью снижения его подвижности и разрушающего действия.

增产丙烯助剂(increase the production of propylene additive) 为了应对市场对于低碳烯烃快速增长的需求,可以将催化裂化装置汽油馏分中的直链烷烃转化为低碳烯烃,即提高催化裂化液化气中C_3烯烃含量,从而增加丙烯收率的催化裂化助剂称为增产丙烯助剂。

Промотор для увеличения производства пропилена. Для удовлетворения быстро растущего рыночного спроса на легкие олефины можно провести превращение прямоцепочечных алканов в бензиновых фракциях на установке каталитического крекинга в легкие олефины, то есть повысить содержание олефинов C_3 в сжиженном газе каталитического крекинга и тем самым увеличить выход пропилена. Добавка для достижения этого процесса называется промотором для увеличения производства пропилена.

塔底重油裂化助剂(heavy oil cracking additive) 常规沸石不能有效地转化催化裂化工艺的塔底油,因为塔底油分子的动力学直径远大于沸石孔径,使其难以进入沸石的笼内进行反应。塔底重油裂化助剂是可以提高塔底油转化率的专用助剂,其机理在于利用助剂中较强的酸性中心,使原料中的重质烃发生裂化。塔底油裂化助剂多以高活性氧化铝为载体,能提供额外的活性中心,可让大分子进入孔道并将其裂解为较小的分子。

Промотор крекинга донных остатков колонны. Обычные цеолиты не могут эффективно превращать донные остатки колонны каталитического крекинга, поскольку диаметр молекулы донных остатков колонны намного больше, чем размер пор цеолита, что затрудняет попадание в поры цеолита для реакции. Промотор крекинга донных остатков колонны представляет собой специальную добавку, которая может улучшить коэффициент конверсии донных остатков колонны. Механизм его действия заключается в использовании сильного кислотного центра в промоторе для крекинга тяжелых углеводородов в сырье. В качестве носителя промоторов крекинга донных остатков колонны часто используется высокоактивный оксид алюминия, который может создать дополнительный активный центр, допускающий макромолекулы в поровые каналы и расщепляющий их на более мелкие молекулы.

催化剂流动助剂(catalyst flow additive) 催化剂流动助剂是针对催化裂化装置运转过程中的流化问题[由于操作扰动、设备损坏等原因造成催化剂细粉跑损,催化剂平均粒径(APS)增加导致的催化剂流化问题],开发的增强催化裂化催化剂流化性能的专用助剂。

Промотор для улучшения свойств катализатора. Промотор для улучшения свойств катализатора представляет собой специальную добавку, разработанную для улучшения способности катализатора каталитического крекинга к флюидизации в ответ на проблемы по флюидизации в процессе работы установки каталитического крекинга (проблемы по флюидизации катализатора, вызванные потерей мелкого катализатора и увеличением среднего размера частиц катализатора из-за операционных возмущений, отказов оборудования и других причин.

多产轻循环油助剂（produce LCO additive）

多产轻循环油助剂是一种固体的催化裂化工艺的添加剂，将其按一定比例添加到平衡剂中，以辅助系统中催化裂化催化剂增产轻循环油，其添加量视系统中原催化剂的性质而定，一般占系统藏量的5%～10%。多产轻循环油助剂具有较多的小于20nm的中孔，其孔分布集中在5～20nm之间，并有丰富的弱L酸中心和少量的B酸中心，以实现辅助主催化剂对重油的裂化，减少主催化剂对中间馏分的再裂化。

Промотор для увеличения производства лёгкого рециклового газойля.

Промотор для увеличения производства лёгкого рециклового газойля представляет собой своего рода твердую добавку, используемую в технологии каталитического крекинга. Ее добавляют к равновесному катализатору в определенной пропорции для промотирования катализатора каталитического крекинга в системе в увеличении производства легкого рециклового газойля. Количество добавки определяется по характеристикам исходного катализатора в системе и обычно составляет 5%–10% от загрузки системы. Промотор для увеличения производства лёгкого рециклового газойля имеет большее количество мезопор размером <20 нм, его пористость распределяется в пределах 5–20 нм, и он обладает богатыми слабыми кислотными центрами Льюиса и небольшим количеством кислотных центров Бренстеда, чтобы содействовать основному катализатору в крекинге мазута и уменьшить рекрекинг основным катализатором промежуточных фракций.

降低 FCC 汽油烯烃助剂（olefin reduction additive for FCC gasoline） 降低 FCC 汽油烯烃助剂是以降低催化裂化汽油中烯烃含量为目标的催化裂化工艺的添加剂。该助剂是通过增强自身氢转移能力和烯烃异构化能力，使催化裂化主剂维持芳构化反应活性的同时，提高氢转移和异构化反应活性，使芳构化反应的中间产物作为“供氢分子”，使氢转移反应的产物为芳烃和烷烃，从而实现减少烯烃生成的目的。

Промотор для снижения содержания олефинов в бензине каталитического крекинга. Промотор для снижения содержания олефинов в бензине каталитического крекинга представляет собой добавку, используемую в технологии каталитического крекинга для снижения содержания олефинов в бензине каталитического крекинга (FCC). Благодаря тому, что промотор повышает собственную способность к переносу водорода и способности к изомеризации олефинов, основной катализатор каталитического крекинга сохраняет активность в реакции ароматизации и в то же время улучшает активность в реакциях переноса водорода и изомеризации, так что промежуточный продукт реакции ароматизации является «молекулой-донором водорода», и продуктами реакции переноса водорода являются ароматические соединения и алканы, благодаря чему достигнута цель уменьшения образования олефинов.

降低 FCC 汽油硫含量助剂（sulfur reduction additive for FCC gasoline） 降低 FCC 汽油硫含量助剂直接在催化裂化过程中，将噻吩硫转化为 H_2S，H_2S 进入催化干气一同送出装置，达到降低催化汽油硫含量的目的，是一种既简便又经济的降低 FCC 汽油硫含量的方法。

Промотор для снижения содержания серы в бензине каталитического крекинга. Промотор для снижения содержания серы в бензине каталитического крекинга непосредственно превращает серу тиофена в H_2S в процессе каталитического крекинга, и H_2S поступает в сухой газ каталитического крекинга и вместе с ним выводится из установки, благодаря чему достигнута цель снижения содержания серы в бензине каталитического крекинга. Это простой и экономичный метод снижения содержания серы в бензине каталитического крекинга.

工艺常用词汇

Общеупотребительные термины по технологиям

催化裂解(deep catalytic cracking) 催化裂解是在催化剂存在的条件下,对石油烃类进行高温裂解来生产乙烯、丙烯、丁烯等低碳烯烃,并同时兼产轻质芳烃的过程。

Глубокий каталитический крекинг. Глубокий каталитический крекинг представляет собой процесс высокотемпературного расщепления нефтяных углеводородов с получением легких олефинов, таких как этилен, пропилен и бутилен, и одновременно получением легких ароматических углеводородов в присутствии катализатора.

流化催化裂化(fluid catalytic cracking) 流化催化裂化简称催化裂化,是指细小的催化剂粉粒持续地从反应器流动到再生器并再返回到反应器的裂化工艺过程。催化剂借助油气、蒸汽或空气分别在反应器、汽提塔及再生器中保持流动状态。

Жидкостный каталитический крекинг. Жидкостный каталитический крекинг, или кратко каталитический крекинг–это технологический процесс крекинга, в котором мелкие частицы катализатора постоянно поступают из реактора в регенератор и затем возвращаются в реактор. С помощью фракций нефти, газа, пара или воздуха катализатор поддерживает текучее состояние в реакторе, отпарной колонне и регенераторе соответственно.

催化裂化反应温度(riser outlet temperature) 催化裂化反应温度指原料油在催化裂化反应器内发生催化裂化反应的温度,在提升管反应器中以提升管出口温度表示催化裂化反应温度。

Температура на выходе из стояка реактора / температура на выходе из подъемного стояка установки каталитического крекинга. Это температура, при которой сырое масло вступает в реакцию каталитического крекинга в реакторе каталитического крекинга. В лифт–реакторе за температуру процесса каталитического крекинга принимают температуру на выходе из подъемного стояка.

催化裂化催化剂再生温度（catalytic cracking regeneration temperature） 催化裂化催化剂再生温度指在催化裂化再生器内催化剂进行烧焦再生时的操作温度。
注：该参数是催化裂化诸多操作参数中的一个非独立变量，是随着反应温度和催化剂结焦量而变动的参数。

Температура регенерации катализатора каталитического крекинга. Это рабочая температура, при которой проводится регенерация катализатора путем сжигания кокса в регенераторе каталитического крекинга.
Примечание: этот параметр представляет собой независимую переменную среди множества рабочих параметров каталитического крекинга, который изменяется в зависимости от температуры реакции и степени коксования катализатора.

催化裂化反应系统压力（pressure of the catalytic cracking reaction system） 催化裂化反应系统压力是指催化裂化装置的反应器顶部压力或提升管反应器顶部的压力。

Давление системы каталитического крекинга. Давление системы каталитического крекинга–это давление в верхней части реактора установки каталитического крекинга или давление в верхней части лифт–реактора.

沉降器压力（settler pressure） 沉降器压力是指提升管反应器顶部用于催化剂和反应产物进行分离的沉降器的压力。

Давление в отстойнике / давление в гравитационном сепараторе. Это давление в отстойнике в верхней части лифт–реактора, который используется для сепарации катализатора и продукта реакции.

剂油比（catalyst–to–oil ratio） 剂油比指单位时间内在提升管进料注入区中再生的催化剂与新鲜原料进料的质量比。

Кратность циркуляции катализатора. Кратность циркуляции катализатора–отношение масс регенерированного катализатора и свежего сырья в зоне подачи лифт–реактора в единицу времени.

掺渣率（mass ratio of residue oil in feedstock） 掺渣率指重油催化裂化装置加工的原料中渣油掺入的质量比。

Массовая доля остатков в сырье. Массовая доля остатков в сырье–массовая доля остатков, включенных в сырье, перерабатываемое установкой каталитического крекинга мазута.

回炼比(recycle ratio) 回炼比指催化裂化重循环油(HCO)返回催化裂化反应器的质量与催化裂化装置新鲜进料的质量比。

Коэффициент рециркуляции. Коэффициент рециркуляции–отношение масс тяжелого рециклового газойля (ТРГ) каталитического крекинга, возвращаемого в реактор каталитического крекинга, и свежего сырья, подаваемого в установку каталитического крекинга.

催化剂单耗(catalyst unit consumption) 催化剂单耗指加工单位原料所消耗的催化剂的总量,一般以加工每吨(t)新鲜原料所消耗的催化剂的质量(kg)表示。该指标是催化裂化装置的设计指标之一,也体现催化装置加工重油的水平。

Удельный расход катализатора. Удельный расход катализатора–общее количество катализатора, потребляемого для переработки единицы сырья. Обычно выражается в единицах массы (кг) катализатора, потребляемого для переработки каждой тонны (т) свежего сырья. Он является одним из проектных показателей установки каталитического крекинга, который одновременно отражает уровень переработки мазута установкой каталитического крекинга.

提升管反应时间(riser reaction time) 提升管反应时间指在提升管反应器内反应原料与催化裂化催化剂接触的时间。

Время контакта в вертикальной части реактора каталитического крекинга реакторе. Время контакта сырья с катализатором каталитического крекинга в вертикальной части реактора каталитического крекинга реакторе.

富氧燃烧(oxygen-enriched combustion) 富氧燃烧是使用氧气浓度大于空气中的氧气浓度的气体作为助燃空气的燃烧方式。

Сжигание в обогащённой кислородом среде. Сжигание в обогащённой кислородом среде представляет собой способ сжигания, при котором в качестве газа, поддерживающего горения, используется газ с концентрацией кислорода выше концентрации кислорода в воздухе.

催化裂化反应转化率(catalytic cracking reaction conversion rate) 催化裂化反应转化率指新鲜原料裂化为汽油、轻质产品和焦炭的质量分数(即发生裂化反应的原料质量与原料总质量的比值)。

Коэффициент конверсии каталитического крекинга. Коэффициент конверсии каталитического крекинга – массовая доля сырья, превращаемая в бензин, легкие нефтепродукты и кокс (то есть отношение массы сырья, в котором происходит реакция крекинга, к общей массе сырья).

单段再生(single-stage regeneration) 单段再生指使用一个流化床再生器一次完成催化裂化待生催化剂的烧焦再生过程的工艺。

Одноступенчатая регенерация. Одноступенчатая регенерация представляет собой технологию однократного выполнения процесса регенерации отработанного катализатора каталитического крекинга путем сжигания кокса в одном регенераторе с псевдоожиженным слоем.

两段再生(two-stage regeneration) 两段再生是使催化裂化待生催化剂的烧焦再生过程依次在两个流化床中进行的工艺。该工艺包括单器错流两段再生、单器逆流两段再生、双器错流两段再生和双器逆流两段再生。

Двухступенчатая регенерация. Двухступенчатая регенерация представляет собой технологию выполнения процесса регенерации отработанного катализатора каталитического крекинга путем сжигания кокса последовательно в двух псевдоожиженных слоях. Технология включает в себя двухступенчатую регенерацию перекрестным потоком в одном регенераторе, двухступенчатую регенерацию встречным потоком в одном регенераторе, двухступенчатую регенерацию перекрестным потоком в двух регенераторах и двухступенчатую регенерацию встречным потоком в двух регенераторах.

循环床再生（recirculating bed regeneration） 循环床再生是使催化裂化待生催化剂的烧焦再生过程在循环床中进行的工艺。

Регенерация в циркулирующем кипящем слое. Регенерация в циркулирующем кипящем слое представляет собой технологию, в которой процесс регенерации отработанного катализатора каталитического крекинга проводится путем сжигания кокса в циркулирующем слое.

设备常用词汇

Общеупотребительные термины по оборудованию

流化催化裂化装置（fluid catalytic cracker; fluid catalytic cracking unit; fluid cat-cracker） 以反应器和再生器为核心设备，原料油的裂化反应和催化剂再生分别在反应器和再生器内进行，反应原料的油气与催化剂呈流化状态，将重质油裂化为轻质组分的装置。

Установка жидкостного каталитического крекинга. Это установка для крекинга тяжелого сырья на легкие компоненты, которая имеет реактор и регенератор в качестве основных устройств, в которых осуществляются, соответственно, крекинг тяжелых фракций нефти и регенерация катализатора. Реакционное сырье (тяжелые фракции нефти и газ) и катализатор в установке находятся в псевдоожиженном состоянии.

再生器（regenerator） 再生器是催化裂化待生催化剂进行烧焦再生的专用设备。

Регенератор. Регенератор представляет собой специальное оборудование для регенерации отработанного катализатора каталитического крекинга путем сжигания кокса.

催化裂化再生器（catalytic cracking regenerator） 催化裂化再生器是催化裂化装置的关键设备之一。在再生器烧去反应中在催化裂化催化剂表面上形成的积炭，以恢复催化剂的活性。催化裂化再生器与催化裂化反应器组成回路，将再生的催化剂连续循环使用。

Регенератор установки каталитического крекинга. Регенератор установки каталитического крекинга является одним из ключевых устройств установки каталитического крекинга, в котором сжигают отложения углерода, образующиеся на поверхности катализатора каталитического крекинга в ходе реакции, чтобы восстановить активность катализатора. Регенератор каталитического крекинга и реактор каталитического крекинга образуют контур для рециркуляции регенерированного катализатора.

提升管反应器(riser reactor) 提升管反应器是重油催化裂化装置的核心设备,反应器含有预提升气进料口、重油原料进料口、再生斜管、待生斜管、提升管、汽提段、气固快速分离构件、反应产物出口等构件。

Лифт-реактор. Лифт-реактор является ключевым устройством установки каталитического крекинга мазута. Реактор имеет следующие конструкции: вход для транспортирующего газа, вход для мазутного сырья, наклонная труба для регенерированного катализатора, наклонная труба для отработанного катализатора, лифтовая труба, отпарная секция, конструкция для быстрой сепарации газа и твердого вещества, выход продукта реакции и т.д.

沉降器(disengager) 沉降器是设置在提升管反应器顶部,利用重力将催化剂与反应产物分离出并沉降于其内的设备。

Отстойник. Отстойник представляет собой оборудование, установленное в верхней части лифт-реактора для отделения катализатора от продукта реакции и осаждения его под действием силы тяжести.

分布器(distributor) 分布器指催化裂化装置再生器的空气分布器,是优化再生器内空气分布,达到高分散效果的设备。

Распределитель. Распределитель-это воздухораспределитель регенератора установки каталитического крекинга. Он представляет собой оборудование, оптимизирующее распределение воздуха в регенераторе для достижения высокого дисперсионного эффекта.

再生滑阀(regenerative slide valve) 再生滑阀设置在再生斜管上,用于控制向提升管反应器输送催化剂的量。该设备多用于高低并列式催化裂化的反应—再生系统。

Скользящий клапан для регенерированного катализатора. Скользящий клапан для регенерированного катализатора устанавливается на наклонной трубе для регенерированного катализатора для контроля количества катализатора, подаваемого в лифт-реактор. Это устройство в основном используется в реакционно-регенерационной системе установок каталитического крекинга с параллельным разновысотным расположением реактора и регенератора.

待生滑阀(spent catalyst slide valve) 待生滑阀设置在待生斜管上,用于控制向再生器输送待生催化剂的量。该设备多用于高低并列式催化裂化的反应—再生系统。

Скользящий клапан для отработанного катализатора. Скользящий клапан для отработанного катализатора устанавливается на наклонной трубе для отработанного катализатора для контроля количества отработанного катализатора, подаваемого в регенератор. Это устройство в основном используется в реакционно-регенерационной системе установок каталитического крекинга с параллельным разновысотным расположением реактора и регенератора.

再生斜管(regenerative catalyst sloped tube) 再生斜管连接再生器和提升管反应器,用于向提升管反应器输送再生后的催化剂。

Наклонная труба для регенерированного катализатора. Наклонная труба для регенерированного катализатора соединяется с регенератором и лифт-реактором и используется для подачи в лифт-реактор регенераторного катализатора.

待生斜管(spent catalyst sloped tube) 待生斜管连接提升管反应器和再生器,用于向再生器输送待生的催化剂。

Наклонная труба для отработанного катализатора. Наклонная труба для отработанного катализатора соединяется с лифт-реактором и регенератором и используется для подачи в регенератор отработанного катализатора.

烟气轮机(flue gas turbine) 烟气轮机是将催化裂化装置再生器生成的高温烟气所携带的能量进行回收利用的设备。

Турбина для дымовых газов. Турбина для дымовых газов представляет собой оборудование для утилизации энергии, переносимой высокотемпературным дымовым газом, образующимся в регенераторе установки каталитического крекинга.

取热器（heat exchanger） 取热器是将催化裂化装置再生器中催化剂再生过程中释放的热量取出的设备。

Теплообменник. Теплообменник представляет собой устройство для отвода тепла, выделяющегося в процессе регенерации катализатора в регенераторе установки каталитического крекинга.

催化重整催化剂及相关词汇

Катализаторы каталитического риформинга и соответствующие термины

基础词汇

Основные термины

金属中心（metal center） 金属中心指在催化重整反应过程中，提供加氢、脱氢功能的金属活性位。

Металлический центр. Металлический центр представляет собой металлический активный участок, обеспечивающий функции гидрогенизации и дегидрогенизации в процессе каталитического риформинга.

金属功能（metal function） 金属功能指在催化重整反应过程中，催化烃类的加氢和脱氢反应的功能，金属功能主要由贵金属Pt以及添加的Re或Sn、Ir、Ti、Ce等助剂元素提供。

Металлическая функция. Металлическая функция представляет собой функцию катализирования гидрогенизации и дегидрогенизации углеводородов в процессе каталитического риформинга. Металлическая функция в основном обеспечивается драгоценным металлом Pt и добавленным промотирующим элементом Re или Sn, Ir, Ti, Ce и т.д.

酸性中心（acidic center） 酸性中心指在催化重整反应过程中，由催化剂载体提供的酸性功能的活性位。

Кислотный центр. Кислотный центр представляет собой активный участок кислотной функции, обеспечиваемой носителем катализатора в процессе каталитического риформинга.

酸性功能(acidic function) 酸性功能指在催化重整反应过程中,催化烃类的分子重排反应的功能,酸性功能由含氯的氧化铝载体提供,该酸性功能通过正碳离子机理在异构化、环化和加氢裂化中起到结合或断开C—C键的催化作用。

Кислотная функция. Кислотная функция представляет собой функцию катализирования перегруппировки молекул углеводородов в процессе каталитического риформинга. Кислотная функция обеспечивается хлорсодержащим носителем на основе оксида алюминия. Кислотная функция оказывает действие сочетания или разрыва связи С—С в реакциях изомеризации, циклизации и гидрокрекинга за счет карбоний-ионного механизма.

五元环烷烃脱氢异构(five ring naphthene dehydrogenation) 五元环烷烃脱氢异构是指五元环烷烃在催化剂酸性中心作用下,通过异构化反应转化为六元环烷烃,再经金属中心催化脱氢转化为芳烃的反应。

Дегидроизомерация пятичленных циклоалканов. Дегидроизомерация пятичленных циклоалканов представляет собой реакцию, в ходе которой пятичленные циклоалканы превращаются в шестичленные циклоалканы путем реакции изомеризации под действием кислотного центра катализатора, а затем превращаются в ароматические углеводороды путем каталитической дегидрогенизации под действием металлического центра катализатора.

六元环烷烃脱氢（six ring naphthene dehydrogenation）　六元环烷烃脱氢指六元环烷烃在催化剂金属脱氢活性中心的作用下脱氢生成芳烃的反应，该反应是催化重整的最基本的反应，在所有重整反应中速率最快，是高吸热反应。

Дегидрогенизация шестичленных циклоалканов. Дегидрогенизация шестичленных циклоалканов представляет собой реакцию дегидрирования шестичленных циклоалканов с образованием ароматических углеводородов под действием металлического активного центра катализатора дегидрирования. Эта реакция является наиболее основной реакцией каталитического риформинга, имеет наибольшую скорость реакции среди всех реакций риформинга и представляет собой эндотермическую реакцию с поглощением большого количества тепла.

链烷烃异构化（normal paraffins isomerization）　链烷烃异构化指重整原料中的直链烷烃在催化剂活性中心作用下转化为异构烷烃的反应，该反应有利于提高重整产物的辛烷值。

Изомеризация парафиновых углеводородов. Изомеризация парафиновых углеводородов представляет собой реакцию, в ходе которой прямоцепочечные алканы в сырье риформинга превращаются в изоалканы под действием активных центров катализатора. Эта реакция способствует повышению октанового числа продукта риформинга.

链烷烃脱氢环化（normal paraffins dehydrocyclization） 链烷烃脱氢环化指链烷烃在催化剂酸性中心作用下发生分子重排转化为环烷烃，然后在催化剂的金属中心作用下环烷烃经脱氢或异构脱氢转化为芳烃。链烷烃脱氢环化反应是重整反应中对辛烷值的贡献最为明显的，也是重要的产氢反应。

Дегидроциклизация парафиновых углеводородов. Дегидроциклизация парафиновых углеводородов заключается в том, что парафиновые углеводороды превращаются в циклоалканы путем перегруппировки молекул под действием кислотного центра катализатора, а затем циклоалканы превращаются в ароматические углеводороды путем дегидрогенизации или путем изомеризации и дегидрогенизации под действием металлического центра катализатора. Реакция дегидроциклизации парафиновых углеводородов вносит наибольший вклад в повышение октанового числа среди реакций риформинга, а также является важной реакцией с получением водорода.

烷烃氢解（paraffins hydrogenolysis） 烷烃氢解反应是在金属中心上进行的，发生 α 位碳链断裂，该反应的气体产物以甲烷为主。

Гидрогенолиз алканов. Реакция гидрогенолиза алканов протекает на металлическом центре, при этом происходит разрыв углеродной цепи в α–положении. Основным газообразным продуктом реакции является метан.

烷烃加氢裂化（paraffins hydrocracking） 烷烃加氢裂化反应是在催化剂的酸性中心上进行的，发生 β 位碳链的断裂，将大分子转化为小分子的反应，该反应的气体产物以碳三和碳四（C_3 和 C_4）烷烃为主。

Гидрокрекинг алканов. Реакция гидрокрекинга алканов протекает на кислотном центре катализатора, при этом происходит разрыв углеродной цепи в β–положении, и макромолекулы превращаются в малые молекулы. Основным газообразным продуктом реакции являются алканы с тремя и четырьмя атомами углеродами (C_3 и C_4).

催化剂常用词汇

Общеупотребительные термины катализаторов

共胶法(sol-gel) 共胶法是在载体的制备过程中,直接将含金属的盐溶液引入载体溶胶中,载体成型后,金属就均匀地分布于载体上。

Золь-гель. Золь-гель заключается в том, что металлсодержащий раствор соли непосредственно вводится в золь-носитель в процессе приготовления носителя, и после формирования носителя металл равномерно распределяется на носителе.

锚定法(anchoring) 锚定法指利用金属有机物或羰基化合物与氧化物载体表面发生反应,主要是金属的有机化合物或羰基配体与氧化物表面的羟基进行配体交换反应,从而使金属定向锚定于载体表面的催化剂制备技术。

Закрепление. Закрепление представляет собой технологию приготовления катализаторов, в которой металлоорганические вещества или карбонильные соединения используются для вступления в реакцию с поверхностью носителя на основе оксидов, главным образом для проведения лигандообменной реакции между металлоорганическим соединением или карбонильным лигандом и гидроксилом на поверхности оксидов, и тем самым металл ориентируется и закрепляется на поверхности носителя.

气相氯化(oxychlorination) 气相氯化是将含有一定比例的水蒸气和氯化氢的空气在一定温度下通过催化剂,进行催化剂上氯含量调节的操作,使其在催化剂颗粒中均匀分布。

Оксихлорирование. Оксихлорирование заключается в пропускании воздуха, содержащего определенную долю водяного пара и хлористого водорода, через катализатор при определенной температуре и регулировании содержания хлора в катализаторе таким образом, чтобы он равномерно распределялся в частицах катализатора.

催化重整催化剂(catalytic reforming catalyst) 催化重整催化剂是将石脑油馏分(包括直馏石脑油、加氢裂化石脑油、焦化石脑油等)的烃分子发生结构重排过程(催化重整)所使用的催化剂。

Катализатор каталитического риформинга. Катализатор каталитического риформинга представляет собой катализатор, используемый в процессе структурной перегруппировки (каталитического риформинга) углеводородных молекул фракций нафты (включая прямогонную нафту, нафту гидрокрекинга, нафту коксования и т.д.).

双金属催化剂(bimetallic catalyst) 双金属催化剂指金属中心由两种金属组成的催化重整催化剂。主要有铂铼催化剂、铂锡催化剂、铂铱催化剂。

Биметаллический катализатор. Биметаллический катализатор представляет собой катализатор каталитического риформинга, металлический центр которого состоит из двух металлов. В основном это платино-рениевые катализаторы, платино-оловянные катализаторы и платино-иридиевые катализаторы.

多金属催化剂(polymetallic catalyst) 多金属催化剂指金属中心是由两种以上金属组成的催化重整催化剂。

Полиметаллический катализатор. Полиметаллический катализатор представляет собой катализатор каталитического риформинга, металлический центр которого состоит из более чем двух металлов.

半再生重整催化剂(semi-regenerated catalytic reforming catalyst) 半再生重整催化剂是半再生重整工艺的专用催化剂，该催化剂的金属组分以铂和铼为主。

Катализатор для риформинга с периодической регенерацией. Катализатор для риформинга с периодической регенерацией представляет собой специальный катализатор, используемый для технологии риформинга с периодической регенерацией. Основными металлическими компонентами катализатора являются платина и рений.

连续重整催化剂(continuous catalytic reforming catalyst) 连续重整催化剂是连续重整工艺的专用催化剂,目前工业上应用的催化剂以铂锡重整催化剂为主。

Катализатор для риформинга с непрерывной регенерацией. Катализатор для риформинга с непрерывной регенерацией представляет собой специальный катализатор, используемый в технологии риформинга с непрерывной регенерацией. В настоящее время основными катализаторами риформинга, используемыми в промышленности, являются платино-оловянные катализаторы.

脱氯剂(dechlorinator) 脱氯剂是为了避免转化催化剂接触氯(Cl)及含氯化合物导致中毒失活,开发的专用于脱除原料中氯及含氯化合物的催化剂。

Дехлорирующий агент. Дехлорирующий агент представляет собой специальный катализатор, используемый для удаления хлора и хлорсодержащих соединений из сырья, который был разработан для предотвращения дезактивации катализатора из-за отравления, вызванного воздействием на катализатор конверсии хлора (Cl) и хлорсодержащих соединений.

工艺常用词汇

Общеупотребительные термины по технологиям

原料预加氢(feed pre-hydrogenated) 原料预加氢是为了保护重整催化剂而开发的通过预加氢精制脱除原料中的S、N、As、Pb、Cu、Cl、O等杂质的加氢工艺。

Предварительная гидрогенизация сырья. Предварительная гидрогенизация сырья представляет собой технологию гидрогенизации, разработанную с целью защиты катализатора риформинга за счет удаления примесей, таких как S, N, As, Pb, Cu, Cl и O, из сырья путем предварительной гидроочистки.

催化重整(catalytic reforming) 催化重整是以石脑油为原料，在催化剂的作用下，进行催化反应生产高辛烷值汽油组分和苯、甲苯及二甲苯等基本有机化工原料的过程。

Каталитический риформинг. Каталитический риформинг представляет собой процесс получения из нафты высокооктановых компонентов бензина и основного органического сырья для химической промышленности, такого как бензол, толуол и ксилол, за счет каталитических реакций.

半再生重整(semi-regenerative catalytic reforming) 半再生重整采用固定床反应器，经过一个周期运转后，催化剂因失活而停工再生，以恢复催化剂的活性。

Риформинг с периодической регенерацией катализатора. Для риформинга с периодической регенерацией катализатора применяется реактор с неподвижным слоем, и после каждого рабочего цикла, из-за дезактивации катализатора прекращается работа и проводится регенерация катализатора для восстановления его активности.

连续重整(continuous catalytic reforming) 连续重整采用移动床反应器，在正常操作条件下，失活催化剂送入再生器进行连续再生，再生后的催化剂再返回反应器。

Риформинг с непрерывной регенерацией катализатора. Для риформинга с непрерывной регенерацией катализатора применяется реактор с подвижным слоем. При нормальных рабочих условиях дезактивированный катализатор поступает в регенератор для непрерывной регенерации, и регенерированный катализатор возвращается в реактор.

重叠式连续重整(stacked CCR) 重叠式连续重整指多个反应器采用重叠式排布方式的连续重整工艺。

Риформинг с непрерывной регенерацией катализатора с вертикальным расположением реакторов друг над другом. Риформинг с непрерывной регенерацией катализатора с вертикальным расположением реакторов друг над другом представляет собой технологию риформинга с непрерывной регенерацией катализатора, реакторы в которой расположены вертикально друг над другом.

并列式连续重整(side-by-side CCR)　并列式连续重整指多个反应器采用并列式排布方式的连续重整工艺。

Риформинг с непрерывной регенерацией катализатора с параллельным расположением реакторов. Риформинг с непрерывной регенерацией катализатора с параллельным расположением реакторов представляет собой технологию риформинга с непрерывной регенерацией катализатора, реакторы в которой расположены параллельно.

脱戊烷(depentanization)　从重整生成油中分离出 C_5 烃类的过程。

Депентанизация. Это процесс выделения углеводородов C_5 из продукта риформинга.

溶剂抽提(solvent extraction)　多组分混合物在给定的选择性溶剂中,根据其不同的溶解性进行分离的过程。

注:从重整汽油中分离出芳烃的过程。

Сольвентная экстракция. Это процесс разделения многокомпонентной смеси при помощи селективного растворителя в зависимости от разной растворимости компонентов.

Примечание: Это процесс выделения ароматических углеводородов из бензина риформинга.

加氢裂化催化剂及相关词汇

Катализаторы гидрокрекинга и соответствующие термины

基础词汇

Основные термины

加氢裂化(hydrocracking)　加氢裂化指在高氢压(15～18MPa)、高温(360～450℃)条件下,在加氢裂化催化剂的作用下,使重质原料油发生裂化、加氢、异构化等反应,生产各种轻质油品的过程。

Гидрокрекинг. Гидрокрекинг представляет собой процесс крекинга, гидрирования и изомеризации нефтяного сырья с получением различных легких нефтепродуктов под действием катализатора гидрокрекинга при высоком давлении водорода (15–18 МПа) и высокой температуре (360–450 ℃).

选择性开环(selective ring opening) 选择性开环指在加氢裂化反应中,环烷烃和芳烃等原料分子发生选择性加氢、开环裂化反应的过程,能够有效地提高产品性质,如柴油的十六烷值,并保证较高的液体收率。

Селективное раскрытие кольца. Селективное раскрытие кольца представляет собой процесс селективного гидрирования и крекинга с размыканием колец молекул сырья, таких как циклоалканы и ароматические соединения, в ходе реакции гидрокрекинга. Оно может эффективно улучшить свойства продукта, такие как цетановое число дизельного топлива, и обеспечить высокий выход жидких продуктов.

加氢活性组分(hydrogenation active component) 加氢活性组分指加氢裂化催化剂具有加氢活性功能的活性相。

Активный компонент гидрогенизации. Активный компонент гидрогенизации представляет собой активную фазу катализатора гидрокрекинга с активной функцией гидрирования.

裂化活性组分(cracking active component) 裂化活性组分指加氢裂化催化剂具有裂解大分子烃类功能的组分。

Активный компонент крекинга. Активный компонент крекинга представляет собой компонент катализатора гидрокрекинга, который выполняет функцию крекинга высокомолекулярных углеводородов.

硅铝酸性组分(aluminosilicate acid component) 硅铝酸性组分是加氢裂化催化剂的一种重要组元,因其在 XRD 谱图上呈现无定形的状态,又称其为无定形组元。以硅铝酸性组分为主要组元制备的加氢裂化催化剂称为无定形加氢裂化催化剂。

Алюмосиликат. Алюмосиликат представляет собой важный компонент катализатора гидрокрекинга. Поскольку он проявляет аморфное состояние в рентгеновском спектре, его также называют аморфным компонентом. Катализатор гидрокрекинга, приготовленный с использованием алюмосиликата в качестве основного компонента, называется аморфным катализатором гидрокрекинга.

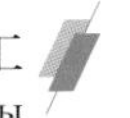

助剂元素(additive element) 加氢裂化催化剂引入的助剂元素主要有F、P、B、Si、碱金属、碱土金属、稀土等,目前主要使用的助剂元素为F、P、B。

Промотирующий элемент. Основными промотирующими элементами, добавляемыми к катализаторам гидрокрекинга, являются F, P, B, Si, щелочные металлы, щелочноземельные металлы, редкоземельные элементы и т.д. Основными промотирующими элементами, используемыми в настоящее время, являются F, P и B.

催化剂常用词汇

Общеупотребительные термины катализаторов

加氢预处理段(hydropretreating section) 加氢预处理段指加氢裂化工艺中的加氢预处理工段,在其中装填加氢预处理催化剂,脱除原料中的S、N、O等杂原子,并将烯烃和芳烃加氢饱和,实现保护加氢裂化段中裂化催化剂的目标。

Секция предварительной гидроочистки. В секцию предварительной гидроочистки в процессе гидрокрекинга загружается катализатор предварительной гидроочистки, удаляющий атомы S, N, O и другие гетероатомы из сырья, а также гидрирующий и насыщающий олефины и ароматические углеводороды, для обеспечения защиты катализатора гидрокрекинга.

加氢裂化段(hydrocracking section) 加氢裂化段指加氢裂化工艺中的加氢裂化工段,该工段设置在加氢预处理段之后,装填的是加氢裂化催化剂,将预处理段的生成油裂化为轻质烃类。

Секция гидрокрекинга. Секция гидрокрекинга представляет собой секцию катализатора гидрокрекинга в процессе гидрокрекинга. Эта секция устанавливается после секции предварительной гидроочистки и заполняется катализатором гидрокрекинга для крекирования сырья на легкие углеводороды.

加氢裂化预处理催化剂(hydrocraking pretreating catalyst) 加氢裂化预处理催化剂是对加氢裂化原料进行预处理,保护加氢裂化催化剂活性,使预处理生成油满足加氢裂化催化剂的进料要求的催化剂。该催化剂的主要作用为:加氢脱除原料中的硫、氮、氧和金属等杂质,加氢饱和多环芳烃,改善油品性质,避免碱性氮化物毒害裂化催化剂的酸中心。

Катализатор предварительной гидроочистки при гидрокрекинге. Катализатор предварительной гидроочистки при гидрокрекинге представляет собой катализатор предварительной обработки сырья гидрокрекинга для защиты активности катализатора гидрокрекинга и обеспечения соответствия предварительно обработанного сырья требованиям катализатора гидрокрекинга к подаваемому сырью. Основными функциями этого катализатора являются: гидрирование и удаление из сырья примесей, таких как сера, азот, кислород и металлы, гидрирование и насыщение полициклических ароматических углеводородов, улучшение характеристик нефтепродукта и предотвращение отравления кислотного центра катализатора крекинга азотистыми основаниями.

加氢裂化催化剂(hydrocracking catalyst) 加氢裂化催化剂指在一定工艺条件下,通过加氢裂化反应将原料油的烃分子变小,从而得到轻质目的产品的加氢裂化工艺的专用催化剂。加氢裂化催化剂包括多产石脑油、航煤、柴油和尾油馏分的催化剂。

Катализатор гидрокрекинга. Катализатор гидрокрекинга представляет собой специальный катализатор, направленный на получение легких целевых продуктов путем уменьшения молекул углеводородов за счет реакции гидрокрекинга при определенных технологических условиях.

轻油型加氢裂化催化剂(light oil hydrocracking catalyst)　轻油型加氢裂化催化剂指以生产馏程小于180℃的石脑油为目的产物,具有强酸性和弱加氢活性的双功能加氢裂化催化剂。

Катализатор гидрокрекинга с получением светлых нефтепродуктов.　Катализатор гидрокрекинга с получением светлых нефтепродуктов представляет собой бифункциональный катализатор гидрокрекинга с высокой кислотностью и слабой гидрирующей активностью, используемый для получения нафты с пределами выкипания менее 180℃ .

中间馏分油型加氢裂化催化剂(middle distillate hydrocracking catalyst)　中间馏分油型加氢裂化催化剂简称中油型加氢裂化催化剂,是以生产煤油、柴油馏分为目的产物,具有中等酸性和强加氢活性的双功能加氢裂化催化剂。

Катализатор гидрокрекинга с получением средних дистиллятов.　Катализатор гидрокрекинга с получением средних дистиллятов предсталяет собой бифункциональный катализатор гидрокрекинга со средней кислотностью и сильной гидрирующей активностью, используемый для получения керосиновых и дизельных фракций.

灵活型加氢裂化催化剂(flexible hydrocracking catalyst)　灵活型加氢裂化催化剂指通过调整反应工艺条件,灵活生产石脑油和中间馏分油的催化剂。

Гибкий катализатор гидрокрекинга.　Гибкий катализатор гидрокрекинга представляет собой катализатор для гибкого получения нафты и средних дистиллятов путем регулирования условий процесса реакции.

尾油型加氢裂化催化剂(tail oil hydrocracking catalyst)　尾油型加氢裂化催化剂是以多产优质加氢裂化尾油(低BMCI值),为蒸汽裂解制乙烯提供合格原料为目标的加氢裂化催化剂。

Катализатор гидрокрекинга хвостового продукта.　Катализатор гидрокрекинга хвостового продукта представляет собой катализатор гидрокрекинга, используемый для увеличения производства высококачественного продукта гидрокрекинга (с низким значением BMCI) в целях обеспечения пригодным сырьем для получения этилена паровым крекингом.

柴油加氢裂化催化剂(diesel hydrocracking catalyst) 柴油加氢裂化催化剂是将柴油馏分转化为石脑油、煤油和柴油馏分的催化剂。

Катализатор гидрокрекинга дизельного топлива. Катализатор гидрокрекинга дизельного топлива представляет собой катализатор для превращения дизельных фракций в нафтовые, керосиновые и дизельные фракции.

柴油加氢改质催化剂(diesel hydromodification catalyst) 柴油加氢改质催化剂指以提高柴油产品质量并兼顾生产高芳烃潜含量石脑油为目标的催化剂。

Катализатор гидромодификации дизельного топлива. Катализатор гидромодификации дизельного топлива представляет собой катализатор, используемый для улучшения качества дизельных продуктов и одновременно для получения нафты с высоким потенциальным содержанием ароматических углеводородов.

工艺常用词汇

Общеупотребительные термины по технологиям

一次通过加氢裂化工艺(once through the hydrocracking process) 一次通过加氢裂化工艺是指该工艺生产的加氢裂化尾油不经循环裂解反应,直接作为产品外排或其他装置的加工原料使用的加氢裂化工艺流程。

Гидрокрекинг «за проход». Гидрокрекинг «за проход» представляет собой технологический процесс гидрокрекинга, который заключается в том, что хвостовой продукт гидрокрекинга, полученный данным процессом, непосредственно выводится как продукт или используется в качестве сырья, перерабатываемого другими установками.

部分循环加氢裂化工艺(partial cycle hydrocracking process) 部分循环加氢裂化工艺指加氢裂化尾油一部分循环回裂化反应器继续进行加氢裂化反应,另一部分加氢裂化尾油外排或作为其他装置的加工原料使用的加氢裂化工艺流程。

Частично циркуляционный гидрокрекинг. Частично циркуляционный гидрокрекинг представляет собой технологический процесс гидрокрекинга, в котором часть хвостового продукта гидрокрекинга рециркулируется обратно в реактор крекинга для продолжения процесса гидрокрекинга, а другая часть хвостового продукта гидрокрекинга выводится или используется в качестве сырья, перерабатываемого другими установками.

全循环加氢裂化工艺(full-cycle hydrocracking process) 全循环加氢裂化工艺指该工艺生产的加氢裂化尾油全部循环回裂化反应器继续进行加氢裂化反应的加氢裂化工艺流程。

Полностью циркуляционный гидрокрекинг. Полностью циркуляционный гидрокрекинг представляет собой технологический процесс гидрокрекинга, в котором остаточный продукт гидрокрекинга, полученный данным процессом, полностью рециркулируется обратно в реактор крекинга для продолжения процесса гидрокрекинга.

两段式加氢裂化工艺(two-stage hydrocracking process) 在馏分油加氢裂化领域,两段式加氢裂化工艺是指反应系统由预处理段和裂化段两个工段组成的工艺,在预处理段需要脱除原料中的硫化物、氮化物等有害物质,同时将不饱和烃加氢饱和。

Двухступенчатый гидрокрекинг. Двухступенчатый гидрокрекинг в области гидрокрекинга дистиллятов представляет собой технологию с реакционной системой из двух секций: секции предварительной обработки и секции крекинга. В секции предварительной обработки необходимо удалить из сырья каталитические яды, такие как сульфиды и нитриды, и одновременно прогидрировать ненасыщенные углеводороды.

加氢精制催化剂及相关词汇

Катализаторы гидроочистки и соответствующие термины

基础词汇

Основные термины

加氢脱硫(hydrodesulfurization) 加氢脱硫是在催化剂的作用下,原料油中的硫化物经加氢转化为相应的烃类及硫化氢的反应过程。

Гидрообессеривание. Гидрообессеривание представляет собой процесс реакции, в ходе которого сульфиды в сырьевой фракции нефти превращаются в соответствующие углеводороды и сероводород путем гидрогенизации под действием катализатора.

加氢脱氮（hydrodenitrogenation） 加氢脱氮是在催化剂的作用下，原料油中的氮化物经加氢转化成为相应的烃类及氨的反应过程。

Гидродеазотирование. Гидродеазотирование представляет собой процесс реакции, в ходе которого нитриды в сырьевой фракции нефти превращаются в соответствующие углеводороды и аммиак путем гидрогенизации под действием катализатора.

加氢脱氧（hydrodeoxygenation） 加氢脱氧是在催化剂的作用下，原料油中的含氧化合物经加氢转化成为相应的烃类和水的反应过程。

Гидродеоксигенация. Гидродеоксигенация представляет собой процесс реакции, в ходе которого кислородные соединения в сырьевой фракции нефти превращаются в соответствующие углеводороды и воду путем гидрогенизации под действием катализатора.

加氢脱金属（hydrodemetallization） 加氢脱金属是在催化剂的作用下，将油品（主要为渣油）中的金属化合物经加氢转化成为相应的烃类及金属硫化物的反应过程。

Гидродеметаллизация. Гидродеметаллизация представляет собой процесс реакции, в ходе которого металлические соединения во фракциях нефти (в основном в остатке) превращаются в соответствующие углеводороды и сульфиды металлов путем гидрогенизации под действием катализатора.

芳烃加氢（aromatic hydrogenation saturation） 芳烃加氢是在催化剂的作用下，芳环经加氢饱和生成相应环烷烃的反应过程，包括单环芳烃加氢、双环芳烃加氢、三环芳烃加氢和多环芳烃加氢。

Гидрогенизация ароматических углеводородов. Гидрогенизация ароматических углеводородов представляет собой процесс реакции, в ходе которого ароматическое кольцо гидрируется с образованием соответствующих циклоалканов под действием катализатора, включая гидрогенизацию моноциклических ароматических углеводородов, гидрогенизацию бициклических ароматических углеводородов, гидрогенизацию трициклических ароматических углеводородов и гидрогенизацию полициклических ароматических углеводородов.

烯烃加氢(olefin hydrogenation saturation) 烯烃加氢是在催化剂的作用下,将原料油中的烯烃和二烯烃经加氢生成相应的烷烃,或部分加氢生成烯烃,降低烯烃和二烯烃不饱和度的反应过程。

Гидрогенизация олефинов. Гидрогенизация олефинов представляет собой процесс реакции, в ходе которого олефины и диолефины в нефтяных фракциях гидрируются с образованием соответствующих алканов или частично гидрируются с образованием олефинов для уменьшения ненасыщенности олефинов и диолефинов в присутствии катализатора.

氢耗(hydrogen consumption) 氢耗表示氢气消耗量,主要包括工业加氢过程中的化学反应氢耗、溶解损失氢耗、设备漏损氢耗和废气排放损失氢耗四个方面的氢气消耗。单位为: g H_2/100g 原料油。

Поглощение водорода. Поглощение водорода означает количество потребления водорода. В процессе промышленной гидрогенизации существует четыре основных вида потребления водорода: потребление водорода химической реакцией, потери водорода от растворения, потери водорода от утечки оборудования и потери водорода от выбросов отходов. Оно выражается в г H_2/100 г нефтяной фракции.

化学氢耗(chemical hydrogen consumption) 化学氢耗指在催化加氢过程中发生的所有化学反应所需的氢气量,主要包括加氢脱硫、加氢脱氮、加氢脱氧、烯烃饱和、芳烃饱和这些加氢反应的化学氢耗量。单位为: g H_2/100g 原料油。

Химическое потребление водорода. Химическое потребление водорода представляет собой количество водорода, требуемое для протекания всех химических реакций в процессе каталитической гидрогенизации, которое в основном включает в себя расход водорода при таких реакциях гидрогенизации, как гидрообессеривание, гидродеазотирование, гидродеоксигенация, насыщение олефинов и насыщение ароматических углеводородов. Оно выражается в г H_2/100 г нефтяной фракции.

硫化物(sulfide; sulphide) 石油馏分中的硫化物多指有机硫化物，主要包括噻吩类、硫醇类、硫醚类、砜类、二硫化物等。

Сульфид. Сульфиды в нефтяных фракциях в основном представляют собой органические сульфиды, включая тиофены, тиолы, тиоэфиры, сульфоны, дисульфиды и т.д.

氮化物(nitride) 氮化物是石油中重要的一类非烃组分，石油馏分中的氮化物分为杂环氮化物和非杂环氮化物，也可分为碱性氮化物和非碱性氮化物，主要包括吡啶类、吡咯类、苯胺类、脂肪族胺类等。

Нитрид. Нитриды являются важным классом неуглеводородных компонентов в нефти. Нитриды в нефтяных фракциях делятся на циклические нитриды и нециклические нитриды, а также могут быть разделены на щелочные нитриды и нещелочные нитриды. Основные нитриды включают пиридины, пирролы, анилины, алифатические амины и т.д.

氧化物(oxide) 氧化物指含有氧原子的烃类化合物，主要包括酚类、脂肪酸类、环烷酸类、呋喃类、醇醚类等。

Оксид. Оксиды представляют собой углеводородные соединения, содержащие атомы кислорода, включая фенолы, жирные кислоты, нафтеновые кислоты, фураны, спиртоэфиры и т.д.

水溶性无机盐(water-soluble inorganic salt) 水溶性无机盐指溶于乳化原油水相的无机盐类，主要为Na、Mg、Ca的氯化物和碳酸氢盐。

Водорастворимые неорганические соли. Водорастворимые неорганические соли представляют собой неорганические соли, растворимые в водной фазе эмульгированной сырой нефти. В основном это хлориды и бикарбонаты натрия, магния и кальция.

油溶性有机金属化合物(oil-soluble organometallic compound) 油溶性有机金属化合物指存在并溶于重质馏分和渣油馏分中的含Ni、V、Fe、Cu、Zn、Pb、As、Hg等微量金属元素的有机化合物。

Нефтерастворимое металлорганическое соединение. Нефтерастворимые металлорганические соединения представляют собой органические соединения, содержащие металлические микроэлементы, такие как Ni, V, Fe, Cu, Zn, Pb, As и Hg, которые присутствуют и растворены в тяжелых фракциях и остаточных нефтяных фракциях.

叶啉化合物(porphyrin compound) 叶啉化合物是含有叶啉结构单元(叶吩核)的一类化合物。叶啉分子的示意图如图 3-1 所示。

Порфириновое соединение. Порфириновые соединения являются классом соединений, содержащих структурные единицы порфирина (ядра порфирина). Схема молекулы порфирина показана на рисунке 3-1.

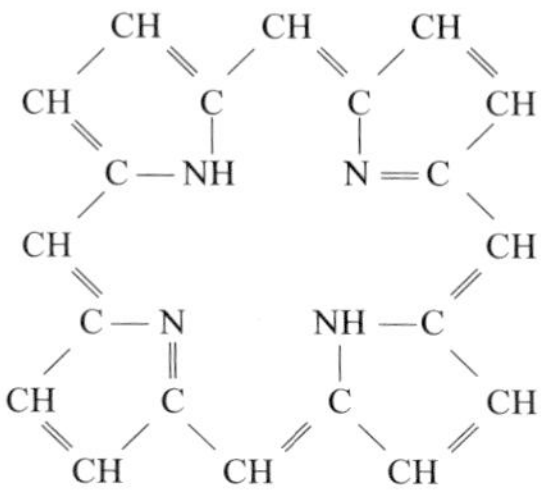

```
        CH         CH         CH
      /    \\    /    \\    /    \\
   CH        C            C        CH
    \\       |            |       /
      C — NH              N ═ C
     /                            \
   CH                              CH
    \\                            //
      C — N              NH — C
     /    ‖               |     \
   CH     C               C      CH
    \\   /  \           //  \   //
     CH       CH            CH
```

图 3-1 叶啉分子示意图

Рисунок 3-1 Схема молекулы порфирина

非叶啉化合物(non-porphyrin compound) 非叶啉化合物是不含叶啉结构单元(叶吩核)的一类大分子含氮、含金属元素的杂环化合物。

Непорфириновое соединение. Непорфириновые соединения являются классом высокомолекулярных азотсодержащих и металлосодержащих гетероциклических соединений, которые не содержат структурных единиц порфирина (ядер порфирина).

催化剂常用词汇

Общеупотребительные термины катализаторов

惰性载体(inert carrier) 惰性载体指本身无催化活性的载体。具有非缺陷晶体及非多孔聚集态的物质均属惰性载体,也包括非过渡性绝缘元素及化合物。

Инертный носитель. Инертный носитель представляет собой носитель, который сам по себе не обладает каталитической активностью. К инертным носителям относятся все вещества с бездефектными кристаллами и в непористом агрегатном состоянии, а также непереходные изоляционные элементы и соединения.

活性载体(active carrier) 活性载体指具有可以加以利用的潜在催化活性的载体。具有晶体缺陷或呈多孔聚集态的物质均属活性载体。

Активный носитель. Активный носитель представляет собой носитель с потенциальной каталитической активностью, которая может быть использована. Вещества с дефектами в кристаллах или в пористом агрегированном состоянии относятся к активным носителям.

高岭土(kaolin) 高岭土是一种以高岭石为主要成分的黏土,是在湿热气候条件下由铝硅酸盐类矿物(主要是长石)风化而成。

Каолиновая глина. Каолиновая глина представляет собой разновидность глины, основным компонентом которой является каолинит. Она образуется в результате выветривания алюмосиликатных минералов (в основном полевого шпата) в жарких и влажных климатических условиях.

拟薄水铝石(pseudoboehmite) 拟薄水铝石,化学式为 α'-$Al_2O_3 \cdot H_2O$,又名一水合氧化铝、假一水软铝石,白色胶体状(湿品)或粉末(干品),胶溶性能好,黏结性强,具有比表面高、孔容大等特点,其含水态为触变性凝胶。

Псевдобемит. Псевдобемит имеет химическую формулу α'-$Al_2O_3 \cdot H_2O$ и по-другому называется моногидратом оксида алюминия. Он имеет вид белого геля (для влажного продукта) или порошка (для сухого продукта) и обладает хорошим пептизирующим свойством, хорошей твердостью, сильным спекающимся свойством, высокой удельной поверхностью и большим объемом пор. Он во влажном состоянии–тиксотропный гель.

无定形硅铝(amorphous silicon aluminum) 无定形硅铝是无定形态的氧化硅和氧化铝的复合物,也称非晶态氧化硅—氧化铝材料。无定形态的物质没有确定的熔点,各向同性,不能使 X 射线产生衍射。

Аморфный алюмосиликат. Аморфный алюмосиликат представляет собой композит аморфного оксида кремния и оксида алюминия, также известный как аморфный кремнеземно-глиноземный материал. Аморфные вещества не имеют определенной точки плавления, являются изотропными и не могут вызывать дифракцию рентгеновских лучей.

二氧化硅（silicon dioxide）　二氧化硅是一种无机化合物，化学式为 SiO_2，硅原子和氧原子长程有序排列形成晶态二氧化硅，短程有序或长程无序排列形成非晶态二氧化硅。在炼油领域多用于制备催化剂载体。

Диоксид кремния.　Диоксид кремния представляет собой неорганическое соединение, имеющее химическую формулу SiO_2. При дальнем порядке взаимного расположения атомов кремния и атомов кислорода образуется кристаллический диоксид кремния, а при ближнем порядке или дальнем разупорядочении расположения образуется аморфный диоксид кремния. Чаще всего используется для приготовления носителей катализаторов в области нефтепереработки.

氧化锆（zirconia dioxide）　氧化锆化学式为 ZrO_2，化学性质不活泼，且具有高熔点、高电阻率、高折射率和低热膨胀系数的特点，是制备复合氧化物载体的重要组分。

Оксид циркония.　Оксид циркония имеет химическую формулу ZrO_2, химические свойства которого неактивные. Он обладает свойствами высокой температуры плавления, высокого удельного сопротивления, высокого показателя преломления и низкого коэффициента теплового расширения и является важным компонентом для приготовления композитных оксидных носителей.

氧化镁（magnesium oxide; magnesia oxide）　氧化镁化学式为 MgO，由煅烧碳酸镁或碱式碳酸镁制得，是制备复合氧化物载体的重要组分。

Оксид магния.　Оксид магния имеет химическую формулу MgO. Он получается из кальцинированного карбоната магния или основного карбоната магния и является важным компонентом для приготовления композитных оксидных носителей.

氧化锌（zinc oxide）　氧化锌化学式为 ZnO，是制备复合氧化物载体的重要组分。

Оксид цинка.　Оксид цинка имеет химическую формулу ZnO. Он является важным компонентом для приготовления композитных оксидных носителей.

条形催化剂(bar catalyst) 条形催化剂是外观为条形的催化剂,包括圆柱条形、三叶条形、四叶条形、五叶条形、蝶形等固体催化剂。

Стержневой катализатор. Стержневой катализатор представляет собой тип катализатора в стержневом виде, включая твердый катализатор в виде стержневого цилиндра, в виде стержневого трехлистника, в виде стержневого четырехлистника, в виде стержневого пятилистника и в виде стержневой бабочки.

球形催化剂(bead catalyst) 以转盘滚球和油柱成球工艺制备的圆球形状的催化剂。

Шариковый катализатор. Это катализатор сферической формы, получаемый прокаткой шарика на поворотном столе и окомкованием с помощью масляного столба.

齿球形催化剂(gear shaped catalyst) 齿球形催化剂是带棱状的球形加氢催化剂(剖面图为中心圆形、外圈锯齿状),比球形外表面积大,又有球形的优点。

Зубчато-шариковый катализатор. Зубчато-шариковый катализатор представляет собой сферический катализатор гидрогенизации с зубчатыми выступами (вид сечения: центр круглый, а наружное кольцо зубчатое). Он имеет большую внешнюю поверхность, чем сферическая форма, и обладает преимуществами сферической формы.

中空圆柱形催化剂(hollow cylindrical catalyst) 中空圆柱形催化剂,又称拉西环催化剂,是剖面为圆环形的长条异形催化剂,多用于保护催化剂。

Полый цилиндрический катализатор. Это полый цилиндрический катализатор, также известный как кольцевой катализатор Рашига. Это длинный стержневой катализатор необычной формы с кольцевым сечением, который чаще всего используется в качестве катализатора-протектора.

蝶形催化剂(butterfly catalyst) 蝶形催化剂是挤出法制备的剖面形似蝴蝶外形的长条异形催化剂。

Барашковый катализатор. Барашковый катализатор представляет собой длинный стержневой катализатор необычной формы с бабочковидным сечением, приготовленный методом выдавливания.

压片催化剂(tableting catalyst) 压片催化剂指使用压片机制备的催化剂,形状类似药片状,是扁圆柱体形状的固体颗粒催化剂。

Таблетированный катализатор. Таблетированный катализатор представляет собой катализатор, приготовленный таблеточной машиной. Он имеет аналогичную таблетке форму и представляет собой твердый зерненый катализатор в форме плоского цилиндра.

加氢保护剂(hydrogenation guard) 加氢保护剂装填在最早接触到反应物料的反应器床层部位,其作用主要是拦截并容纳颗粒物杂质、脱除或转化部分容易积炭或反应热高的有机化合物,以达到延缓床层压降的上升速率和降低主催化剂的活性损失速率,并延长催化剂的运转周期的目的。

Катализатор–протектор гидрогенизации. Катализатор–протектор гидрогенизации загружается в слой реактора и первым вступает в контакт с реакционной смесью. Его основная функция заключается в перехвате частиц примеси, удалении или превращении части органических соединений, которые склонны к нагарообразованию или выделяют высокую теплоту реакции, с целью замедления скорости повышения перепада давления в слое катализатора и снижения скорости потери активности основного катализатора, а также продления рабочего цикла катализатора.

加氢脱金属催化剂(hydrodemetallization catalyst) 加氢脱金属催化剂是用于脱除油品中金属化合物的加氢精制催化剂。

Катализатор гидродеметаллизации. Катализатор гидродеметаллизации представляет собой катализатор гидроочистки, используемый для удаления металлических соединений из нефтепродуктов.

加氢脱硫催化剂（hydrodesulfurization catalyst） 加氢脱硫催化剂是用于脱除油品中含硫化合物的加氢精制催化剂。

Катализатор гидрообессеривания. Катализатор гидрообессеривания представляет собой катализатор гидроочистки, используемый для удаления сернистых соединений из нефтепродуктов.

加氢脱氮催化剂（hydrodenitrogenation catalyst） 加氢脱氮催化剂是用于脱除油品中含氮化合物的加氢精制催化剂。

Катализатор гидродеазотирования. Катализатор гидродеазотирования представляет собой катализатор гидроочистки, используемый для удаления азотосодержащих соединений из нефтепродуктов.

加氢脱残炭催化剂（hydrotreating catalyst for carbon remoral） 加氢脱残炭催化剂是用于脱除油品中残炭，降低残炭值的加氢催化剂。

Катализатор гидродекарбонизации. Катализатор гидродекарбонизации представляет собой катализатор гидрогенизации, используемый для удаления коксового остатка из нефтепродуктов и снижения коксового числа.

饱和加氢催化剂（hydrogenation saturated catalyst） 饱和加氢催化剂是用于油品中的炔烃、烯烃及芳烃等含有不饱和化学键的烃类加氢饱和处理的加氢精制催化剂。

Катализатор гидрогенизации. Катализатор гидрогенизации представляет собой катализатор гидроочистки, используемый для гидрирования алкинов, олефинов, ароматических углеводородов и других углеводородов, содержащих ненасыщенные химические связи, в нефтепродуктах.

碳四馏分选择加氢催化剂（selective hydrogenation catalyst for C_4 fractions） 碳四馏分选择加氢催化剂是采用选择性加氢工艺除去炼化装置副产的混合碳四中的炔烃、二烯烃等的专用催化剂。

Катализатор селективной гидрогенизации фракций C_4. Катализатор селективной гидрогенизации фракций представляет собой специальный катализатор, используемый в процессе селективной гидрогенизации для удаления алкинов и диолефинов из смеси углеводородов C_4–побочного продукта нефтеперерабатывающей установки.

碳四馏分饱和加氢催化剂（saturated hydrogenation catalyst for C_4 fractions） 碳四馏分饱和加氢催化剂是用于将碳四馏分的不饱和化学键加氢饱和的催化剂。

Катализатор гидрогенизации фракций C_4. Катализатор гидрогенизации фракций C_4 представляет собой катализатор, используемый для гидрирования ненасыщенных химических связей углеводородов фракции C_4.

烷基化原料预加氢催化剂（alkylation feedstock pre-hydrogenation catalyst） 烷基化原料预加氢催化剂是用于选择加氢脱除炼化装置碳四馏分烷基化原料中丁二烯的加氢预处理催化剂。

Катализатор предварительной гидрогенизации сырья алкилирования. Катализатор предварительной гидрогенизации сырья алкилирования представляет собой катализатор предварительной гидрогенизации, используемый для селективного гидрирования и удаления бутадиена из сырья для алкилирования фракций C_4 на нефтеперерабатывающей установке.

石脑油加氢催化剂（naphtha hydrogenation catalyst） 石脑油加氢催化剂是对石脑油进行加氢处理的催化剂，用于改善石脑油的品质，为炼油化工装置提供合格原料。

Катализатор гидрогенизации нафты. Катализатор гидрогенизации нафты представляет собой катализатор для гидроочистки нафты, который используется для улучшения качества нафты и обеспечения качественного сырья для нефтеперерабатывающих установок.

催化裂化汽油预加氢催化剂（FCC gasoline pre-hydrogenation catalyst） 催化裂化汽油预加氢催化剂主要是为了保护加氢主剂的活性和稳定性而开发的催化剂，在催化剂上主要发生轻质硫醇等轻硫化物转化为重硫化物和双烯烃加氢为单烯烃的反应。

Катализатор предварительной гидрогенизации бензина каталитического крекинга. Катализатор предварительной гидрогенизации бензина каталитического крекинга представляет собой катализатор, разработанный для защиты активности и устойчивости основного катализатора гидрогенизации. Он в основном участвует в реакциях конверсии легких сульфидов, таких как легкие тиолы, в тяжелые сульфиды и гидрогенизации диолефинов с образованием моноолефинов.

催化裂化汽油临氢脱砷催化剂（FCC gasoline catalyst for arsenic removal） 催化裂化汽油临氢脱砷催化剂是为保护加氢脱硫催化剂，防止砷中毒而开发的专用临氢脱砷催化剂。

Катализатор для удаления мышьяка при гидрогенизации бензина каталитического крекинга. **Катализатор для удаления мышьяка при гидрогенизации бензина каталитического крекинга представляет собой специальный катализатор для удаления мышьяка под давлением водорода, разработанный для защиты катализатора гидродесульфурации и предотвращения отравления мышьяком.**

催化裂化汽油加氢保护剂（FCC gasoline hydrogenation guard） 催化裂化汽油加氢保护剂是用于保护催化裂化汽油加氢精制主催化剂活性的保护催化剂。

Катализатор–протектор гидрогенизации бензина каталитического крекинга. **Катализатор–протектор гидрогенизации бензина каталитического крекинга представляет собой катализатор–протектор, используемый для защиты активности основного катализатора гидроочистки бензина каталитического крекинга.**

催化裂化汽油选择性加氢脱硫催化剂（FCC gasoline selective hydrodesulfurization catalyst） 催化裂化汽油选择性加氢脱硫催化剂是为了达到清洁汽油的标准，用于催化裂化汽油深度脱硫的同时尽可能减少烯烃饱和的催化剂。

Катализатор селективного гидрообессеривания бензина каталитического крекинга. **Катализатор селективного гидрообессеривания бензина каталитического крекинга представляет собой катализатор, используемый для глубокого гидрообессеривания бензина каталитического крекинга с максимальным уменьшением насыщения олефинов для достижения стандартов очищенного бензина.**

催化裂化汽油加氢改质催化剂（FCC gasoline hydromodification catalyst） 催化裂化汽油加氢改质催化剂是在实现降烯烃和脱硫的同时最大限度恢复辛烷值的汽油改质专用催化剂，主要发生烯烃异构化和芳构化反应，生成异构烷烃和芳烃等高辛烷值组分。

Катализатор гидрооблагораживания бензина каталитического крекинга. Катализатор гидрооблагораживания бензина каталитического крекинга представляет собой специальный катализатор гидрооблагораживания бензина, обеспечивающий максимальное восстановление октанового числа при снижении содержания олефинов и десульфурации. Он в основном участвует в реакциях изомеризации и ароматизации олефинов с образованием высокооктановых компонентов, таких как изоалканы и ароматические углеводороды.

催化裂化汽油加氢后处理催化剂（FCC gasoline post-hydrotreatment catalyst） 催化裂化汽油加氢后处理催化剂是匹配加氢脱硫催化剂开发的一种接力脱硫催化剂，主要用于脱除加氢脱硫产品中残余的噻吩和再生成硫醇等硫化物。

Катализатор обработки после гидрогенизации бензина каталитического крекинга. Катализатор обработки после гидрогенизации бензина каталитического крекинга представляет собой катализатор дальнейшего обессеривания, разработанный для сочетания с катализатором гидрообессеривания и в основном используемый для удаления остаточного тиофена и регенерированных тиолов из продукта гидрообессеривания.

重整预加氢催化剂保护剂(reforming pre-hydrogenation guard catalyst)　重整预加氢催化剂保护剂是设置在重整预加氢催化剂之前,用于脱除一定量的硫、砷、氯等杂质,起到保护重整预加氢催化剂活性、防止中毒及延长使用寿命的催化剂。

Протектор катализатора предварительной гидрогенизации сырья риформинга. Протектор катализатора предварительной гидрогенизации сырья риформинга представляет собой катализатор, используемый перед катализатором предварительной гидрогенизации сырья риформинга для удаления определенного количества серы, мышьяка, хлора и других примесей, с целью защиты активности катализатора предварительной гидрогенизации сырья риформинга, предотвращения отравления и продления срока службы катализатора.

重整预加氢催化剂(reforming pre-hydrogenation catalyst)　重整预加氢催化剂是用于脱除催化重整原料中的硫、氮、砷、铅、铜等杂质的催化剂,起到保护贵金属重整催化剂的作用。

Катализатор предварительной гидрогенизации сырья риформинга. Катализатор предварительной гидрогенизации сырья риформинга представляет собой катализатор, используемый для удаления серы, азота, мышьяка, свинца, меди и других примесей из сырья каталитического риформинга с целью защиты катализатора риформинга на основе драгоценных металлов.

航煤加氢催化剂(kerosene hydrogenation catalyst)　航煤加氢催化剂是用于生产合格喷气燃料的加氢催化剂,主要起到降低喷气燃料中的硫醇硫和芳烃含量,改善产品颜色,提高烟点的作用。

Катализатор гидрогенизации авиатоплива. Катализатор гидрогенизации авиатоплива представляет собой катализатор гидрогенизации, используемый для производства качественного авиатоплива, основными функциями которого являются снижение содержания меркаптановой серы и ароматических углеводородов в авиатопливе, улучшение цвета продукта и повышение точки дымления.

柴油加氢精制保护剂(diesel hydrotreating guard catalyst) 柴油加氢精制保护剂是用于保护柴油加氢精制主催化剂的活性,脱除柴油加氢装置进料中的胶质、金属及机械杂质的催化剂。

Катализатор-протектор гидроочистки дизельного топлива. Катализатор-протектор гидроочистки дизельного топлива представляет собой катализатор, используемый для защиты активности основного катализатора гидроочистки дизельного топлива и удаления смол, металлов и механических примесей из сырья, подаваемого в установку гидрогенизации дизельного топлива.

柴油加氢精制催化剂(diesel hydrotreating catalyst) 柴油加氢精制催化剂是用于脱除原料中的硫化物、氮化物和芳烃的催化剂,可用于生产符合标准的清洁柴油。

Катализатор гидроочистки дизельного топлива. Катализатор гидроочистки дизельного топлива представляет собой катализатор, используемый для удаления сульфидов, нитридов и ароматических углеводородов из сырья. Он может использоваться для производства очищенного дизельного топлива, соответствующего стандартам.

润滑油加氢预处理催化剂(lubricating oil pre-hydrotreating catalyst) 润滑油加氢预处理催化剂是一类脱除润滑油原料中易使异构化催化剂失去活性的硫、氮、氯及金属等毒物,提高润滑油基础油的黏度指数,改善馏分油分布,用以达到异构化反应要求的加氢催化剂。

Катализатор предварительной гидрообработки смазочных масел. Катализаторы предварительной гидрообработки смазочных масел представляют собой класс катализаторов гидрогенизации, которые удаляют из сырья для смазочных масел серу, азот, хлор, металлы и другие отравляющие вещества, которые являются ядами для катализатора изомеризации, для повышения индекса вязкости смазочных базовых масел, улучшения распределения дистиллятов и тем самым достижения требований реакции изомеризации.

润滑油加氢预处理脱金属剂（pre-hydrotreating catalyst of lubricating oil for dementalization） 润滑油加氢预处理脱金属剂是脱除润滑油原料中易使异构化催化剂中毒的金属保护剂。起到为润滑油加氢异构化反应提供合格原料，保护润滑油异构催化剂的作用。

Агент предварительной гидрообработки смазочных масел с целью деметаллизации. Агент предварительной гидрообработки смазочных масел с целью деметаллизации представляет собой катализатор-протектор, который удаляет из сырья для смазочных масел металлы, которые легко отравляют катализатор изомеризации, для обеспечения качественного сырья для реакции гидроизомеризации смазочных масел и защиты катализатора изомеризации смазочных масел.

润滑油加氢预处理脱胶质和沥青质剂（pre-hydrotreating catalyst of lubricating oil for resin and asphaltene removal） 润滑油加氢预处理脱胶质和沥青质剂是脱除润滑油原料中易使异构化催化剂中毒的胶质和沥青质组分的保护催化剂。起到为润滑油加氢异构反应提供合格原料，保护润滑油异构催化剂的作用。

Агент предварительной гидрообработки смазочных масел с целью удаления из них смол и асфальтенов. Агент предварительной гидрообработки смазочных масел с целью удаления из них смол и асфальтенов представляет собой катализатор-протектор, который удаляет из сырья для смазочных масел смолистые и асфальтовые компоненты, которые легко отравляют катализатор изомеризации, для обеспечения качественного сырья для реакции гидроизомеризации смазочных масел и защиты катализатора изомеризации смазочных масел.

润滑油基础油后补充精制催化剂（lubricating oil post-treatment catalyst） 润滑油基础油后补充精制催化剂是深度脱除润滑油基础油中的烯烃、芳烃的贵金属加氢催化剂。

Катализатор доочистки смазочных базовых масел. Катализатор доочистки смазочных базовых масел представляет собой катализатор гидрогенизации на основе драгоценных металлов, используемый для глубокого удаления олефинов и ароматических углеводородов из смазочных базовых масел.

蜡油加氢脱硫催化剂（VGO hydrodesulfurization catalyst）　蜡油加氢脱硫催化剂是以为催化裂化提供优质原料为目标，以加氢脱硫为主，兼有脱氮、脱金属、脱残炭功能的加氢精制催化剂。

Катализатор гидродесульфурации вакуумного газойля. Катализатор гидродесульфурации вакуумного газойля представляет собой катализатор гидроочистки, предназначенный для обеспечения качественного сырья для процесса каталитического крекинга. Он в основном используется для осуществления процесса гидродесульфурации, а также может использоваться для выполнения функций денитрификации, деметаллизации и декарбонизации.

FCC 蜡油加氢处理催化剂（FCC wax oil hydrotreating catalyst）．FCC 蜡油加氢处理催化剂是以为催化裂化工艺提供优质原料为目标，以加氢脱氮为主，兼有脱硫、脱金属、脱残炭功能的加氢处理催化剂。

Катализатор гидрообработки парафинового масла. Катализатор гидрообработки парафинового масла представляет собой катализатор гидрообработки, предназначенный для обеспечения качественного сырья для процесса каталитического крекинга. Он в основном используется для осуществления процесса денитрификации, а также может использоваться для выполнения функций десульфурации, деметаллизации и декарбонизации.

石蜡加氢保护催化剂（paraffin wax hydrogenation guard catalyst）　石蜡加氢保护催化剂是以脱除石蜡原料中胶质、沥青质、机械杂质及部分脱除硫化物、氮化物为目标，保护石蜡加氢主精制催化剂活性的保护催化剂。

Катализатор-протектор гидрогенизации парафина. Катализатор-протектор гидрогенизации парафина представляет собой катализатор-протектор, предназначенный для удаления смол, асфальтенов, механических примесей и частичного удаления сульфидов и нитридов из парафинового сырья с целью защиты активности основного катализатора гидроочистки парафина.

石蜡加氢精制催化剂（paraffin wax hydrofining catalyst） 石蜡加氢精制催化剂是对石蜡原料进行脱色/脱芳烃、脱氮的加氢精制催化剂。

Катализатор гидроочистки парафина. Катализатор гидроочистки парафина представляет собой катализатор гидроочистки для обесцвечивания/деароматизации и денитрификации парафинового сырья.

渣油加氢保护剂（guard catalyst for residue hydrotreating） 渣油加氢保护催化剂是保护渣油加氢主催化剂活性的催化剂，装填在渣油加氢主催化剂上部，主要捕捉进料中残留的固体颗粒，脱除Fe、Ca、Na、Si等化合物以及反应活性较高的结焦前身物。

Катализатор–протектор гидрогенизации остатков. Катализатор–протектор гидрогенизации остатков представляет собой катализатор для защиты активности основного катализатора гидрогенизации остатков. Он загружается в верхнюю часть основного катализатора гидрогенизации остатков для улавливания остаточных твердых частиц в подаваемом сырье и удаления соединений железа, кальция, натрия, кремния и веществ–предшественников образования кокса.

渣油加氢脱金属催化剂（residue hydrotreating catalyst for hydrodemetallization） 渣油加氢脱金属催化剂是渣油加氢处理系列催化剂之一，装填在渣油加氢保护催化剂的后部，主要脱除和容纳渣油中的Ni、V等金属及硫化物，促进沥青质转化。

Катализатор гидродеметаллизации остатков. Катализатор гидродеметаллизации остатков является одним из серийных катализаторов гидрообработки остатков. Он загружается в заднюю часть катализатора–протектора гидрогенизации остатков для удаления и вмещения металлов Ni, V и сульфидов в остатке и способствования конверсии асфальтенов.

渣油加氢脱硫催化剂（residue hydrodesulfurization catalyst） 渣油加氢脱硫催化剂是渣油加氢处理系列催化剂之一，以脱除渣油中硫化物为主要目标。

Катализатор гидродесульфурации остатков. Катализатор гидродесульфурации остатков является одним из серийных катализаторов гидрообработки остатков и используется для удаления сульфидов из нефтяного остатка.

渣油加氢脱残炭催化剂(hydrotreating catalyst for residue carbon remoral) 渣油加氢脱残炭催化剂是渣油加氢处理系列催化剂之一,以脱除渣油中残炭为主要目标。

Катализатор гидродекарбонизации остатков. Катализатор гидродекарбонизации остатков является одним из серийных катализаторов гидрообработки остатков и используется для удаления коксового остатка из нефтяного гудрона.

渣油加氢脱氮催化剂(residue hydrodenitrogenation catalyst) 渣油加氢脱氮催化剂是渣油加氢处理系列催化剂之一,以脱除渣油中氮化物为主要目标。

Катализатор гидроденитрификации остатков. Катализатор гидроденитрификации остатков является одним из серийных катализаторов гидрообработки остатков и используется для удаления нитридов из нефтяного остатка.

上流式渣油加氢催化剂(residue hydrotreating catalyst for upflow reactor) 上流式渣油加氢催化剂主要用于上流式渣油加氢处理装置,是以脱金属、脱硫、沥青质转化为主要目标的催化剂。

Катализатор гидрогенизации остатков с восходящим потоком. Катализатор гидрогенизации остатков с восходящим потоком в основном используется в установке гидрогенизации остатков с восходящим потоком и представляет собой катализатор для целей деметаллизации, десульфурации и конверсии асфальтенов.

工艺常用词汇

Общеупотребительные термины по технологиям

汽油加氢精制(gasoline hydrofining) 汽油加氢精制指为催化重整提供原料的深度脱硫、脱氮的直馏汽油加氢精制过程,以及为下游工艺提供原料或用作车用汽油调和组分的部分脱硫、脱氮,同时选择性脱除烯烃、二烯烃的二次加工汽油加氢精制过程。

Гидроочистка бензина. Гидроочистка бензина представляет собой процесс гидроочистки прямогонного бензина путем глубокой десульфурации и денитрификации для обеспечения сырья для каталитического риформинга, а также процесс гидроочистки бензина после вторичной переработки путем частичной десульфурации и денитрификации с селективным удалением олефинов и диолефинов для обеспечения сырья для дальнейшей переработки или получения компонентов автомобильного бензина.

汽油加氢脱硫(gasoline hydrodesulfurization) 汽油加氢脱硫是利用加氢精制技术将汽油馏分中的硫化物脱除的工艺。

Гидродесульфурация бензина. Гидродесульфурация бензина представляет собой технологию удаления сульфидов из бензиновых фракций путем процесса гидроочистки.

裂解汽油全馏分加氢工艺(pyrolysis gasoline whole fraction hydrogenation process) 裂解汽油全馏分加氢工艺是改善裂解汽油品质,为芳烃抽提装置提供合格原料的一种轻质馏分油精制工艺,是裂解汽油全馏分先加氢精制,再将 C_5 及以下馏分、C_9 及以上馏分分馏脱除的工艺。

Технология гидрогенизации неочищенного пиролизного бензина. Технология гидрогенизации неочищенного пиролизного бензина представляет собой технологию очистки легких дистиллятов, направленную на улучшение качества пиролизного бензина и обеспечение качественного сырья для установки экстракции ароматических углеводородов. Это процесс, в котором сначала выполняют гидроочистку всей фракции пиролизного бензина, а затем фракционированием удаляют фракции C_5 и ниже, фракции C_9 и выше.

裂解汽油部分馏分加氢工艺(pyrolysis gasoline partial fraction hydrogenation process) 裂解汽油部分馏分加氢工艺是改善裂解汽油品质,为芳烃抽提装置提供合格原料的一种轻质馏分油精制工艺,是先将裂解汽油馏分中的 C_5 及以下馏分、C_9 及以上馏分分馏脱除,再将 C_6—C_8 馏分进行加氢精制的工艺。

Технология гидрогенизации частично очищенного пиролизного бензина. Технология гидрогенизации частично очищенного пиролизного бензина также представляет собой технологию очистки легких дистиллятов, направленную на улучшение качества пиролизного бензина и обеспечение качественного сырья для установки экстракции ароматических углеводородов. Это процесс, в котором сначала фракционированием удаляют из фракции пиролизного бензина фракции C_5 и ниже, фракции C_9 и выше, а затем выполняют гидроочистку фракций C_6—C_8.

汽油加氢改质(gasoline hydromodification) 汽油加氢改质是指在汽油深度脱硫、脱烯烃的同时,最大限度地恢复其辛烷值的技术,在汽油加氢改质技术中主要发生的反应为正构烷烃异构化、烷烃/烯烃芳构化、长链烃分子裂解为短链烃分子及烃分子叠合反应。

Гидромодификация бензина. Гидромодификация бензина представляет собой технологию, которая обеспечивает максимальное восстановление октанового числа бензина при глубокой десульфурации и удалении олефинов. Основными реакциями, протекающими в процессе гидромодификации бензина, являются: изомеризация н-алканов, ароматизация алканов/олефинов, крекинг длинноцепочечных молекул углеводородов на короткоцепочечные молекулы углеводородов и реакция полимеризации молекул углеводородов.

重整原料预加氢(pre-hydrogenation of reforming feedstock) 重重整原料预加氢是石脑油与氢气通过加氢催化剂的作用,脱除硫、氮、氧、氯化物和烯烃等的反应过程。

Предварительная гидрогенизация сырья риформинга. Предварительная гидрогенизация сырья риформинга представляет собой процесс реакции между нафтой и водородом под действием катализатора для удаления сульфидов, нитридов, оксидов, хлоридов, олефинов и т.д.

焦化汽油加氢(coking gasoline hydrogenation) 焦化汽油加氢是为改善焦化汽油的安定性,以脱除焦化汽油中较高含量的烯烃、二烯烃为目标的精制过程,可用于生产乙烯裂解原料或重整进料及车用汽油的调和组分。

Гидрогенизация бензина коксования. Гидрогенизация бензина коксования представляет собой процесс очистки, направленный на улучшение устойчивости бензина коксования и удаление повышенного содержания олефинов и диолефинов из бензина коксования. Он может применяться для получения сырья для крекинга этилена или сырья для риформинга, а также компонентов автомобильного бензина.

航煤加氢精制(kerosene hydrofining) 航煤加氢精制是对直馏煤油馏分或二次加工得到的煤油馏分进行加氢精制处理的过程。

Гидроочистка авиатоплива. Гидроочистка авиатоплива представляет собой процесс гидроочистки прямогонных керосиновых фракций или керосиновых фракций, полученных в результате вторичной переработки.

柴油加氢精制(diesel hydrorefining) 柴油加氢精制是原料油和氢气在催化剂的作用下,将原料油中所含的硫、氮、氧等非烃化合物转化为相应的烃类及硫化氢、氨和水的工艺过程。

Гидроочистка дизельного топлива. Гидроочистка дизельного топлива представляет собой технологический процесс превращения неуглеводородных соединений, таких как сера, азот и кислород, содержащихся в сыром масле, в соответствующие углеводороды, сероводород, аммиак и воду под действием водорода и катализатора.

柴油加氢脱芳烃(diesel hydrodearomatization) 柴油加氢脱芳烃是为了满足更高的柴油环保标准要求,以深度脱芳为目标的加氢精制工艺。

Гидродеароматизация дизельного топлива. Гидродеароматизация дизельного топлива представляет собой технологию гидроочистки с целью глубокой деароматизации для удовлетворения требований более высоких стандартов экологической безопасности дизельного топлива.

柴油液相加氢技术(diesel liquid-phase hydrogenation technology) 柴油液相循环加氢技术是柴油液相加氢的一种工艺,是指反应部分不设置氢气循环系统,依靠液相加氢产品循环时携带进反应系统的溶解氢来提供反应所需要的氢气的液相加氢工艺。

Жидкофазная циркуляционная гидрогенизация дизельного топлива. Жидкофазная циркуляционная гидрогенизация дизельного топлива представляет собой вид технологии жидкофазной гидрогенизации дизельного топлива, которая не имеет системы циркуляции водорода в реакционной части и основан на растворенном водороде, переносимом в реакционную систему во время циркуляции продукта жидкофазной гидрогенизации, для получения водорода, необходимого для протекания реакции.

柴油加氢改质（diesel hydromodification）　柴油加氢改质是通过加氢改质工艺生产低硫、低芳烃、高十六烷值的柴油产品，并副产优质石脑油和乙烯料的工艺。

Гидромодификация дизельного топлива. Гидромодификация дизельного топлива представляет собой технологию, в которой получаются дизельные продукты с низким содержанием серы, ароматических углеводородов и высоким цетановым числом, а также качественные побочные продукты, такие как нафта и этиленовое сырье, путем процесса гидромодификации.

两段深度脱芳烃（two-stage deep hydrodearomatization）　两段深度脱芳烃是采用两段加氢工艺流程深度脱除柴油中芳烃的工艺。

Двухступенчатый процесс глубокой деароматизации. Двухступенчатый процесс глубокой деароматизации представляет собой технологию глубокого удаления ароматических углеводородов из дизельного топлива путем процесса двухступенчатой гидрогенизации.

催化裂化原料加氢处理（FCC feedstock hydrotreatment）　催化裂化原料加氢处理工艺是为改善催化裂化装置的运行性能、产品分布、提高产品质量、减少 SO_x 和 NO_x 的排放，对催化裂化装置原料进行加氢预处理的工艺过程。

Гидрообработка сырья каталитического крекинга. Гидрообработка сырья каталитического крекинга представляет собой технологический процесс предварительной обработки сырья, подаваемого в установку каталитического крекинга, с целью улучшения эксплуатационных характеристик установки каталитического крекинга, распределения продукции, повышения качества продукта и уменьшения выбросов SO_x и NO_x.

润滑油加氢精制（lubricating oil hydrorefining）　润滑油加氢精制是用于改善润滑油产品的颜色、气味、透明度、光热安定性等性能指标为主要目的的润滑油加氢技术。

Гидроочистка смазочных масел. Гидроочистка смазочных масел представляет собой технологию гидрогенизации смазочных масел с целью улучшения цвета, запаха, прозрачности, светостойкости, теплостойкости и других показателей характеристик смазочных масел.

白油加氢精制（white oil hydrorefining） 白油加氢精制是用于生产符合中国行业标准、国家标准及相应国外标准的工业级、化妆级和医药及食品级白油，对白油原料进行深度加氢精制的工艺过程。

Гидроочистка белых масел. Гидроочистка белых масел представляет собой технологический процесс глубокой гидроочистки сырья для получения белых масел, используемый для производства промышленных, косметических, фармацевтических и пищевых белых масел, соответствующих отраслевым, государственным стандартам Китая и соответственным международным стандартам.

石蜡加氢精制（wax hydrorefining） 石蜡加氢精制是在临氢和催化剂作用下，发生加氢脱硫、脱氮、脱氧和烯烃、芳烃饱和反应，用于生产低硫、低氮石蜡产品的工艺过程。

Гидроочистка парафина. Гидроочистка парафина представляет собой технологический процесс получения парафиновых продуктов с низком содержанием серы и азота за счет реакций гидродесульфурации, денитрификации, гидродеоксигенации, насыщения олефинов и ароматических углеводородов под действием водорода и катализатора.

渣油加氢处理（residue hydrotreating） 渣油加氢处理是采用加氢处理技术对渣油原料进行脱硫、脱氮、脱金属、脱残炭、芳烃饱和等过程的工艺。

Гидрообработка остатков. Гидрообработка остатков представляет собой технологию, в которой выполняются процессы десульфурации, денитрификации, деметаллизации, декарбонизации и насыщения ароматических углеводородов в остаточном сырье с применением технологии гидрообработки.

固定床渣油加氢处理（fixed-bed residue oil hydrotreatment） 固定床渣油加氢处理是采用固定床反应器的加氢系统对渣油进行加氢处理的工艺。

Гидрообработка остатков в неподвижном слое. Гидрообработка остатков в неподвижном слое представляет собой технологию, которая осуществляет процесс гидрообработки остатков с использованием гидрогенизационной системы с реактором с неподвижным слоем катализатора.

移动床渣油加氢处理(moving bed residue hydrotreatment) 移动床渣油加氢处理是采用移动床反应器的加氢系统对渣油进行加氢处理的工艺。

Гидрообработка остатков в подвижном слое. Гидрообработка остатков в подвижном слое представляет собой технологию, которая осуществляет процесс гидрообработки остатков с использованием гидрогенизационной системы с реактором с подвижным слоем катализатора.

设备常用词汇

Общеупотребительные термины по оборудованию

上流式反应器(upflow reactor) 上流式反应器是相对于传统的滴流床(下流式)加氢反应器而开发的新工艺专用加氢反应器,该类型反应器的设计、结构、催化剂床层分布、使用均与下流式反应器不同。其最大的特点是反应物流从反应器底部进入,与催化剂接触后发生相应反应,随后从反应器顶部排出。

Реактор с восходящим потоком. Реактор с восходящим потоком представляет собой специальный реактор гидрирования, разработанный для конкретного технологического процесса по сравнению с традиционным реактором гидрирования с капельным слоем (с нисходящим потоком). Конструкция, структура, распределение слоя катализатора и использование реактора этого типа отличаются от реактора с нисходящим потоком. Самой большой его особенностью является то, что реакционный поток поступает в реактор снизу, вступает в реакцию с катализатором и затем выходит из верхней части реактора.

循环氢脱硫塔(recycle hydrogen desulfurization tower) 循环氢脱硫塔是加氢精制装置的循环氢系统的重要设备,用于脱除循环气中的硫化氢,确保加氢精制催化剂活性、稳定性和加氢产品的硫含量的限制值符合产品标准要求,特别适用于加工高硫原料的加氢精制装置。

Колонна сероочистки с циркуляционным водородом. Колонна сероочистки с циркуляционным водородом является важным оборудованием системы циркуляционного водорода установки гидроочистки. Она используется для удаления сероводорода из циркулирующего газа в целях обеспечения того, чтобы активность, стабильность катализатора гидроочистки и предельное значение содержания серы в продукте гидрогенизации соответствовали требованиям стандартов на продукцию, особенно подходит для установки гидроочистки, перерабатывающей сырье с высоким содержанием серы.

富胺液闪蒸罐(amine-rich flash tank) 富胺液闪蒸罐是对再生前的富胺液通过闪蒸的工艺脱除其中的轻烃类组分,并将较重的液态烃类分离除去的专用设备。

Бак-испаритель обогащенного раствора амина. Бак-испаритель обогащенного раствора амина представляет собой специальное оборудование для удаления легких углеводородных компонентов из обогащенного раствора амина перед регенерацией путем испарения, а также для сепарации и удаления более тяжелых жидких углеводородов.

原料油过滤器(feedstock oil filter) 原料油过滤器是反应原料进入反应系统的加热炉前对原料中的固体颗粒、机械杂质及储存过程或上游加工装置生成的杂质进行脱除的物理加工设备。

Фильтр сырых масел. Фильтр сырых масел представляет собой оборудование для физической обработки, которое удаляет из сырья твердые частицы, механические примеси и посторонние включения, образованные во время хранения или на установке первичной обработки, перед тем как реакционное сырье поступит в нагревательную печь реакционной системы.

烷基化催化剂及相关词汇

Катализаторы алкилирования и соответствующие термины

烷基化(alkylation) 炼油工业中的烷基化一般是指烯烃与异构烷烃在酸性催化剂作用下反应生成高辛烷值烷基化油的过程。

Алкилирование. Алкилирование в нефтеперерабатывающей промышленности обычно представляет собой процесс реакции между олефином и изоалканом под действием кислотного катализатора с образованием высокооктанового алкилата.

液体酸烷基化催化剂(liquid acid alkylation catalyst) 液体酸烷基化催化剂是指硫酸、氢氟酸、离子液等液态烷基化催化剂。

Жидкий кислотный катализатор алкилирования. Жидкий кислотный катализатор алкилирования представляет собой жидкий алкилирующий катализатор, такой как серная кислота, плавиковая кислота, ионная жидкость и т.д.

固体酸烷基化催化剂(solid acid alkylation catalyst) 固体酸烷基化催化剂是固体酸烷基化工艺的专用催化剂,主要有金属卤化物、固体超强酸、负载型杂多酸和分子筛四类。

Твердый кислотный катализатор алкилирования. Твердый кислотный катализатор алкилирования представляет собой специальный катализатор для технологии твердокислотного алкилирования. Имеются четыре основных типа: галогениды металлов, твердые суперкислоты, гетерополикислоты на носителе и молекулярные сита.

离子液烷基化催化剂(ionic liquid alkylation catalyst) 离子液烷基化催化剂是指酸性离子液体烷基化催化剂。

Катализатор алкилирования в виде ионной жидкости. Катализатор алкилирования в виде ионной жидкости представляет собой алкилирующий катализатор в виде кислотной ионной жидкости.

硫酸催化剂(sulfuric acid catalyst) 硫酸催化剂的活性组分为浓硫酸,工业上用作烷基化催化剂的硫酸浓度一般为86%~98%。

Сернокислотный катализатор. Активным компонентом сернокислотного катализатора является концентрированная серная кислота. Концентрация серной кислоты, используемой в качестве катализатора алкилирования в промышленности, обычно составляет 86%–98%.

氢氟酸催化剂(HF catalyst; hydrofluoric acid catalyst) 氢氟酸催化剂的活性组分为氢氟酸,循环的氢氟酸的浓度一般为90%~92%。

Катализатор на основе плавиковой кислоты. Активным компонентом плавикокислотного катализатора является плавиковая кислота. Концентрация циркулирующей плавиковой кислоты обычно составляет 90%–92%.

SO_2转化催化剂(conversion catalyst of SO_2) SO_2转化催化剂是将SO_2转化为SO_3的催化剂,多用于硫酸制备工艺。

Катализатор конверсии SO_2. Катализатор конверсии SO_2 представляет собой катализатор превращения SO_2 в SO_3. Он в основном используется в процессе получения серной кислоты.

硫酸法烷基化(sulfuric acid alkylation) 使用液相催化剂硫酸的烷基化工艺称为硫酸法烷基化。

Сернокислотное алкилирование. Сернокислотным алкилированием называется технология алкилирования, которая использует серную кислоту в качестве жидкофазного катализатора.

氢氟酸烷基化(hydrofluoric acid alkylation) 使用液相催化剂氢氟酸的烷基化工艺称为氢氟酸烷基化。

Плавикокислотное алкилирование. Плавикокислотным алкилированием называется технология алкилирования, которая использует плавиковую кислоту в качестве жидкофазного катализатора.

超重力烷基化工艺(hypergravity alkylation process) 超重力烷基化工艺是使用超重力设备作为烷基化反应器的工艺。

Технология гипергравитационного алкилирования. Технология гипергравитационного алкилирования представляет собой технологию, которая использует сверхгравитационное оборудование в качестве реактора алкилирования.

烷烯比(isobutane-to-olefin ratio) 在炼油领域的烷基化过程中,烷烯比指反应原料与循环异丁烷和冷剂异丁烷混合总烃中异丁烷与总烯烃的体积比(也有用烷烯物质的量比的),也就是烷基化反应器进料烷烯比,又称为外比。

Соотношение изобутан: олефины. Соотношение изобутан: олефины в процессе алкилирования в области нефтепереработки-это объемное соотношение (а также молярное соотношение) изобутана и олефинов в углеводородной смеси, состоящей из реакционного сырья, циркулирующего изобутана и охлаждающего изобутана, то есть исходное соотношение изобутан: олефины в реакторе алкилирования, также известное как внешнее соотношение.

酸烃比(acid-to-hydrocarbon ratio) 酸烃比指烷基化过程中液体酸催化剂与烃类的体积比。

Соотношение кислота: углеводороды. Соотношение кислота: углеводороды представляет собой отношение объемов жидкого кислотного катализатора и углеводородов в процессе алкилирования.

酸耗(acid consumption) 酸耗指生产单位质量的烷基化油所消耗的酸催化剂的质量,单位为 kg/t。

Расход кислоты. Расход кислоты представляет собой массу кислотного катализатора в кг/т, потребляемую для производства единицы массы алкилата.

流出物制冷(effluent cooling) 流出物制冷是硫酸法烷基化的一种反应流程,反应流出物返回反应器的换热管束,并部分汽化来除去反应热。

Охлаждение вытекающего потока. Охлаждение вытекающего потока представляет собой тип реакционного процесса сернокислотного алкилирования, в котором вытекающая реакционная масса возвращается в теплообменный пакет реактора и частично испаряется для отвода теплоты реакции.

自冷冻(self-freezing) 自冷冻是硫酸法烷基化的一种反应流程,采用蒸发部分反应物的方法来除去反应热。

Самозамораживание. Самозамораживание представляет собой тип реакционного процесса сернокислотного алкилирования, в котором для отвода теплоты реакции применяется метод выпаривания части реакционной массы.

酸溶性油(acid solution oil) 酸溶性油是液体酸烷基化反应过程中溶解在酸催化剂中的反应副产物(包括酸溶性酯类、重质酸溶性叠合物),又称红油。

Кислоторастворимое масло. Это побочный продукт реакции (включая кислоторастворимые эфиры и тяжелые кислоторастворимые комплексы), растворенный в кислотном катализаторе в процессе жидкокислотного алкилирования, который также называется красным маслом.

废酸(waste acid) 废酸是参与完成烷基化反应后,因混入有机物和水导致酸浓度下降使其催化活性不足的酸。

Отработанная кислота. Отработанная кислота представляет собой кислоту с недостаточной активностью, вызванной снижением концентрации кислоты из-за смешивания с органическим веществом и водой после завершения реакции алкилирования.

废酸再生(waste acid regeneration) 废酸再生指将烷基化装置产生的废酸通过高温裂解再生技术生产工业硫酸的工艺,包括湿法废酸再生和干法废酸再生。

Регенерация отработанной кислоты. Регенерация отработанной кислоты представляет собой технологию получения промышленной серной кислоты из отработанной кислоты с установки алкилирования путем процесса высокотемпературного расщепления и регенерации, включая регенерацию кислоты мокрым путем и регенерацию кислоты сухим методом.

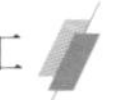

醚化催化剂及相关词汇

Катализаторы этерификации и соответствующие термины

交换容量(swap capacity) 交换容量是指单位质量的树脂催化剂所含有的可交换的氢离子(H⁺)的数量。一般用每克干基树脂催化剂所含有可交换的氢离子的毫克数(或毫摩尔数)来表示。

Обменная ёмкость. Обменная ёмкость представляет собой количество обменных ионов водорода (H^+), содержащихся в смоляном катализаторе на единицу массы. Она обычно выражается в миллиграммах (или миллимолях) обменных ионов водорода, содержащихся в каждом грамме смоляного катализатора в сухом состоянии.

悬浮共聚(suspension copolymerization) 悬浮共聚是制备离子交换树脂催化剂的第一步,是指采用悬浮共聚工艺制备大孔白球的过程。

Суспензионная сополимеризация. Суспензионная сополимеризация представляет собой первый шаг приготовления катализатора на основе ионообменной смолы, то есть процесс получения макропористых белых шариков с применением технологии суспензионной сополимеризации.

磺化(sulfonation) 磺化是制备离子交换树脂催化剂的第二步,是指将白球磺化的过程。

Сульфирование. Сульфирование представляет собой второй шаг приготовления катализатора на основе ионообменной смолы, то есть процесс сульфирования белых шариков.

大孔磺酸型阳离子交换树脂(macroporous sulfonic acid cation exchange resin) 大孔磺酸离子交换树脂是带有磺酸官能团(有交换离子的活性基团)、具有大孔网状结构、不溶性的高分子化合物。醚化催化剂属于大孔磺酸型阳离子交换树脂。

Макропористая сульфокислотная катионообменная смола. Макропористая сульфокислотная катионообменная смола представляет собой высокомолекулярное соединение с функциональной группой сульфоновой кислоты (активной группой с обмениваемыми ионами), макропористой сетчатой структурой и нерастворимыми свойствами. Катализаторы этерификации относятся к макропористым сульфокислотным катионообменным смолам.

异丁烯醚化催化剂(isobutylene etherification catalyst) 异丁烯醚化催化剂是用于异丁烯与甲醇反应生成甲基叔丁基醚(MTBE)及异丁烯与乙醇反应生成乙基叔丁基醚(ETBE)的醚化反应催化剂。

Катализатор этерификации изобутилена. Катализатор этерификации изобутилена представляет собой катализатор реакции этерификации, используемый в реакции между изобутиленом и метанолом с образованием МТБЭ (метил–трет–бутилового эфира) и в реакции между изобутиленом и этанолом с образованием ЭТБЭ (этил–трет–бутилового эфира).

异戊烯醚化催化剂(isopentene etherification catalyst) 异戊烯醚化催化剂是用于异戊烯与甲醇反应生成甲基叔戊基醚(TAME)的醚化反应催化剂。

Катализатор этерификации изоамилена. Катализатор этерификации изоамилена представляет собой катализатор реакции этерификации, используемый в реакции между изопентеном и метанолом с образованием МТАЭ (метил–трет–амилового эфира).

轻汽油醚化催化剂(light gasoline etherification catalyst) 轻汽油醚化催化剂是用于以 C_5 以上叔碳烯烃为主要成分的轻汽油与甲醇或乙醇反应生成 TAME 或 THME 的醚化反应催化剂。

Катализатор этерификации легкого бензина. Катализатор этерификации легкого бензина представляет собой катализатор реакции этерификации, используемый в реакции между легким бензином (основным составом которого являются трет–углеродные олефины выше C_5) и метанолом или этанолом с образованием МТАЭ, или 1,1,1–трис (гидроксиметил) этана.

分子筛催化剂(molecular sieve based catalyst) 分子筛催化剂在醚化反应领域是指利用分子筛的热稳定性和再生性能好、醚化选择高的特性制备的新一代醚化催化剂。

Катализатор типа молекулярного сита. Катализатор типа молекулярного сита в области этерификации представляет собой катализатор этерификации нового поколения, получаемый на основе молекулярных сит с хорошей термической стабильностью и регенерационными свойствами и высокой селективностью этерификации.

汽油醚化工艺(gasoline etherification process) 汽油醚化工艺是将汽油馏分中的烯烃(主要是异戊烯、异己烯等)与甲醇发生醚化反应生成高辛烷值的醚类化合物的工艺。

Технология этерификации бензина. Технология этерификации бензина–это технология этерификации олефинов (в основном изоамилена, изогексена и т.д.) в бензиновых фракциях метанолом для образования высокооктановых эфирных соединений.

醚化产物分离(etherified product separation) 醚化产物分离是将醚化产物与甲醇和未转化的原料进行分离的过程。

Сепарация продуктов этерификации. Сепарация продуктов этерификации представляет собой процесс отделения продуктов этерификации от метанола и необработанного сырья.

甲醇回收(methanol recovery) 甲醇回收是汽油醚化装置为了分离回收甲醇,使其继续参加醚化反应的过程。

Рекуперация метанола. Рекуперация метанола представляет собой процесс отделения и получения метана на установке этерификации бензина, чтобы он продолжал участвовать в реакции этерификации.

醇/叔碳烯烃物质的量比(molar ratio of alcohol to olefin) 醇/叔碳烯烃物质的量比是醚化反应过程中醇类与烯烃(叔碳烯烃)的摩尔分数的比值。

Молярное соотношение спиртов и третичных олефинов. Молярное соотношение спиртов и третичных олефинов представляет собой соотношение молярного содержания спиртов и олефинов (трет–углеродных олефинов) в процессе реакции этерификации.

其他催化剂及相关词汇

Другие катализаторы и соответствующие термины

碳二加氢催化剂词汇

Термины катализаторов гидрогенизации ацетилена

碳二馏分选择加氢催化剂（selective hydrogenation catalyst for C_2 fractions） 碳二馏分选择加氢催化剂是采用催化选择加氢方法脱除裂解气相馏分中乙炔的催化剂，包含前加氢催化剂和后加氢催化剂。

Катализатор селективной гидрогенизации фракций C_2. Катализатор селективной гидрогенизации фракций C_2 представляет собой катализатор, используемый для удаления ацетилена из газофазных фракций крекинга методом каталитического селективного гидрирования, включая катализатор фронтальной гидрогенизации и катализатор пост-гидрогенизации.

碳二馏分前加氢催化剂（hydrogenation catalyst for C_2 fractions） 碳二馏分前加氢催化剂为贵金属加氢催化剂，是应用于前加氢工艺的脱除裂解气相馏分中乙炔的专用催化剂，乙炔加氢反应器位于脱甲烷塔之前。

Катализатор фронтального селективного гидрирования фракций C_2. Катализатор фронтального селективного гидрирования фракций C_2 представляет собой катализатор гидрогенизации на основе драгоценных металлов. Это специальный катализатор, используемый для удаления ацетилена из газофазных фракций крекинга. Реактор гидрирования ацетилена расположен перед колонной деметанизации.

碳二馏分后加氢催化剂（hydrogenation catalyst for C_2 fractions） 碳二馏分后加氢催化剂是应用于后加氢工艺的脱除裂解气相馏分中乙炔的专用催化剂，乙炔加氢反应器位于脱甲烷塔之后。

Катализатор для пост-селективного гидрирования C_2. Катализатор для пост-селективного гидрирования фракций C_2 представляет собой специальный катализатор, используемый для удаления ацетилена из газофазных фракций крекинга. Реактор гидрирования ацетилена расположен после колонны деметанизации.

前脱乙烷前加氢催化剂（hydrogenation catalyst for C_2 fractions） 前脱乙烷前加氢催化剂是应用于前脱乙烷前加氢工艺的专用催化剂，该工艺中脱除乙炔的加氢反应器位于脱乙烷塔之后、脱甲烷塔之前，即采用脱乙烷—加氢除乙炔—脱甲烷的工艺流程。

Катализатор фронтального селективного гидрирования в сочетании с фронтальным деэтанизатором. Катализатор фронтального селективного гидрирования в сочетании с фронтальным деэтанизатором представляет собой специальный катализатор, используемый в технологии фронтального селективного гидрирования в сочетании с фронтальным деэтанизатором. В этой технологии реактор гидрирования ацетилена расположен после колонны деэтанизации и перед колонной деметанизации, то есть применяется технологический процесс «деэтанизация–гидрирование ацетилена–деметанизация».

前脱丙烷前加氢催化剂（hydrogenation catalyst for C_2 fractions） 前脱丙烷前加氢催化剂是应用于前脱丙烷前加氢工艺的专用催化剂，该工艺中脱除乙炔的加氢反应器位于脱丙烷塔之后、脱甲烷塔之前，即采用脱丙烷—加氢除乙炔—脱甲烷的工艺流程。

Катализатор фронтального селективного гидрирования в сочетании с фронтальным депропанизатором. Катализатор фронтального селективного гидрирования в сочетании с фронтальным депропанизатором представляет собой специальный катализатор, используемый в технологии фронтального селективного гидрирования в сочетании с фронтальным депропанизатором. В этой технологии реактор гидрирования ацетилена расположен после колонны депротанизации и перед колонной деметанизации, то есть применяется технологический процесс «депротанизация–гидрирование ацетилена–деметанизация».

碳三加氢催化剂词汇

Термины катализаторов гидрогенизации фракций C_3

碳三馏分选择加氢催化剂(selective hydrogenation catalyst for C_3 fractions) 碳三馏分选择加氢催化剂是应用于蒸汽裂解制乙烯装置中碳三馏分选择加氢工艺的专用催化剂,主要作用是选择性脱除蒸汽裂解分离得到的碳三馏分中的丙炔和丙二烯,将其转化为丙烯。

Катализатор селективного гидрирования фракций C_3. Катализатор селективного гидрирования фракций C_3 представляет собой специальный катализатор, используемый в технологии селективного гидрирования фракций C_3 на установке пиролиза для получения этилена. Его основная функция заключается в селективном удалении метилацетилена и пропадиена из фракций C_3, выделенных паровым крекингом, и превращении их в пропилен.

碳三馏分液相加氢催化剂(liquid-phase hydrogenation catalyst for C_3 fractions) 碳三馏分液相加氢催化剂是用于碳三馏分液相选择加氢工艺的专用催化剂。该工艺可在较低温度下进行,具有反应器体积小、催化剂使用寿命长、生成聚合物少等优点。

Катализатор жидкофазной гидрогенизации фракций C_3. Катализатор жидкофазной гидрогенизации фракций C_3 представляет собой специальный катализатор, используемый в технологии жидкофазной селективной гидрогенизации фракций C_3. Эта технология может осуществляться при более низкой температуре и обладает преимуществами малого объема реактора, длительного срока службы катализатора и образования меньшего полимера.

裂解汽油加氢催化剂词汇

Термины катализаторов гидрогенизации пиролизного бензина

蒸汽裂解(steam cracking) 蒸汽裂解指石油烃类等原料在高温和水蒸气存在的条件下发生断链、脱氢、缩合等化学反应的过程,其产物除乙烯、丙烯等目标产品外,还含有氢气、甲烷、碳四、碳五等石油烃馏分的混合物。

Пиролиз. Пиролиз представляет собой процесс, в котором сырье, такое как нефтяные углеводороды, вступает в химическую реакцию, такую как разрыв цепей, дегидрирование, конденсация и т.д., при высокой температуре и присутствии водяного пара. В дополнение к целевым продуктам, таким как этилен и пропилен, продукты также содержат смесь фракций нефтяных углеводородов, таких как водород, метан, углеводороды C_4 и C_5.

蒸汽裂解汽油加氢(steam cracking gasoline hydrogenation) 蒸汽裂解汽油加氢是以蒸汽裂解汽油为原料生产高辛烷值汽油调和组分或生产芳烃抽提原料的加氢精制过程。

Гидрирование бензина пиролиза. Гидрирование бензина пиролиза представляет собой процесс гидрирования, который использует бензин пиролиза в качестве сырья для получения высокооктановых компонентов автомобильных топлив или сырья для экстракции ароматических углеводородов.

碳五馏分饱和加氢催化剂(saturated hydrogenation catalyst for C_5 fractions) 碳五馏分饱和加氢催化剂是用于将碳五馏分的不饱和化学键加氢饱和的催化剂。

Катализатор полного гидрирования фракций C_5. Катализатор полного гидрирования фракций C_5 представляет собой катализатор, используемый для гидрирования и насыщения ненасыщенных химических связей фракций C_5.

碳九馏分饱和加氢催化剂(saturated hydrogenation catalyst for C_9 fractions) 碳九馏分饱和加氢催化剂是用于将碳九馏分的不饱和化学键加氢饱和的催化剂。

Катализатор насыщающей гидрогенизации фракций C_9. Катализатор насыщающей гидрогенизации фракций C_9 представляет собой катализатор, используемый для гидрирования и насыщения ненасыщенных химических связей фракций C_9.

裂解汽油一段选择加氢催化剂(first-stage catalyst for pyrolysis gasoline selective hydrogenation) 裂解汽油一段加氢催化剂用于对蒸汽裂解装置副产的裂解汽油进行第一段的加氢精制处理,主要将汽油馏分中的二烯烃加氢转化为单烯烃,为第二段加氢单元提供原料或作为车用汽油调和组分。

Катализатор селективного гидрирования пиролизного бензина первой стадии. Катализатор гидрирования пиролизного бензина первой стадии используется для осуществления первой стадии гидрирования пиролизного бензина-побочного продукта установки пиролиза. Он в основном превращает диолефины в бензиновой фракции в монолефины путем гидрирования, которые являются сырьем гидрирования второй ступени или используются в качестве компонента автомобильных топлив.

裂解汽油二段加氢精制保护剂(second-stage hydrogenation guard catalyst for pyrolysis gasoline) 裂解汽油二段加氢精制保护剂是设置在裂解汽油二段加氢催化剂之前的保护催化剂，主要目的是脱除裂解汽油第一段加氢产品中的结焦物质，起到保护二段加氢催化剂活性、防止中毒的作用。

Защитный катализатор для гидрирования пиролизного бензина на второй стадии. Защитный катализатор для гидрирования пиролизного бензина на второй ступени представляет собой защитный слой, используемый перед катализатором гидрирования пиролизного бензина на второй ступени. Основной целью является удаление коксующегося вещества из продукта гидрирования пиролизного бензина на первой ступени, чтобы обеспечить активность катализатора гидрогенизации второй ступени и предотвратить его отравление.

裂解汽油二段加氢催化剂(second-stage hydrogenation catalyst for pyrolysis gasoline) 裂解汽油二段加氢催化剂用于将一段加氢处理后的裂解汽油产品进行二段加氢精制处理，主要目的为脱除硫、氮、氧等杂质并将单烯烃饱和，为芳烃抽提工艺提供合格原料。

Катализатор гидрирования пиролизного бензина на второй ступени. Катализатор гидрирования пиролизного бензина на второй ступени используется для осуществления второй ступени гидрирования пиролизного бензина после гидрирования на первой ступени. Основной целью является удаление примесей, таких как сера, азот, кислород, и насыщение монолефинов, чтобы обеспечить соответствующее сырье для процесса экстракции ароматических углеводородов.

聚 α- 烯烃(PAO)催化剂及相关词汇

Катализаторы полиальфаолефинов (ПАО) и соответствующие термины

聚 α- 烯烃(poly alpha-olefin) 聚 α- 烯烃简称PAO，是由 C_8—C_{12} 的 α- 烯烃经聚合及氢化反应制成的合成润滑油基础油。

Полиальфаолефины. Полиальфаолефины (ПАО) представляют собой синтетические базовые масла, полученные из альфа-олефинов C_8—C_{12}, получаемые путем их олигомеризации и гидрирования.

PAO 催化剂（PAO catalyst）. PAO 催化剂是催化 α- 烯烃发生聚合反应生成 PAO 的聚合催化剂。

Катализатор ПАО. Катализатор ПАО представляет собой катализатор олигомеризации, который катализирует олигомеризацию альфа-олефинов с получением ПАО.

引发剂（initiator） 引发剂是与聚合催化剂作用，引发 α- 烯烃聚合反应的试剂。

Инициатор. Инициатор представляет собой реагент, который взаимодействует с катализатором полимеризации для инициирования реакции полимеризации альфа-олефинов.

PAO 加氢精制（PAO hydrorefining） PAO 加氢精制是通过加氢精制工艺处理 PAO 原料，使其中的不饱和组分加氢饱和，改善 PAO 的颜色，提高氧化安定性和光安定性。

Гидрирование ПАО. Гидрирование ПАО представляет собой процесс гидрирования ненасыщенных связей в олигомерах альфа-олефинов для улучшения цвета ПАО и повышения устойчивости к окислению и светостойкости.

PAO 基础油加氢补充精制催化剂（PAO hydrofinishing catalyst） PAO 基础油加氢补充精制催化剂是处理 PAO 原料的精制工艺的加氢催化剂，用于提高 PAO 产品的品质，生产优质合成润滑油基础油。

Катализатор финишного гидрирования базовых масел ПАО. Катализатор финишного гидрирования базовых масел ПАО представляет собой катализатор гидрирования, используемый для улучшения качества ПАО и получения высококачественных синтетических смазочных базовых масел.

聚合釜（oligomerization reactor） 聚合釜是强化 α- 烯烃与催化剂的混合，及时移除聚合反应热，生成 PAO 的反应设备。

Реактор для олигомеризации. Ректор для олигомеризации представляет собой реакционное оборудование для получения ПАО, в котором происходит смешение альфа-олефинов с катализатором и отведением теплоты реакции олигомеризации.

制氢催化剂及相关词汇

Катализаторы производства водорода и соответствующие термины

制氢（hydrogen production） 氢气的制取方法。通常炼油厂以天然气为原料采用水蒸气转化法制取氢气，也可以炼厂气及渣油为原料采用部分氧化法和自热催化转化法制取氢气。

Производство водорода. Это метод получения водорода. Обычно на нефтеперерабатывающих заводах используется природный газ в качестве сырья и применяется метод превращения водяного пара; также можно использовать газ нефтепереработки и нефтяные остатки в качестве сырья и применяют метод частичного окисления и метод автотермической каталитической конверсии.

预转化催化剂（pre-conversion catalyst） 在烃类进入转化炉进行蒸汽转化前，将制氢原料在绝热固定床反应器中预先转化为富含甲烷、CO、CO_2 和水蒸气的混合物所使用的催化剂即为预转化催化剂。

Катализатор предварительной конверсии. Катализатор предварительной конверсии представляет собой катализатор, используемый для предварительной конверсии сырья, производящего водород, в смесь, богатую метаном, CO, CO_2 и водяным паром, в адиабатическом реакторе с неподвижным слоем перед поступлением углеводородов в конверсионную печь для паровой конверсии.

甲烷化催化剂（methanation catalyst） 甲烷化催化剂是用于制氢过程中将少量的碳氧化物转化为甲烷，起到净化氢气的作用的催化剂。

Катализатор метанизации. Катализатор метанизации представляет собой катализатор, используемый в процессе производства водорода для преобразования небольшого количества оксидов углерода в метан с целью очистки водорода.

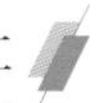

制氢催化剂(catalyst of hydrogen production)　制氢催化剂主要指以化石燃料制氢过程中所使用的催化剂,包括加氢脱硫催化剂、脱氯剂、ZnO脱硫剂、蒸汽烃类转化剂、预转化催化剂、中温变换催化剂、低温变换催化剂、甲烷化催化剂等。我国的制氢催化剂已实现国产化和系列化。

Катализатор производства водорода. Катализатор производства водорода в основном представляет собой катализатор, используемый в процессе получения водорода из ископаемого топлива, включая: катализатор гидродесульфурации, дехлорирующий агент, агент для десульфурации ZnO, агент для паровой конверсии углеводородов, катализатор предварительной конверсии, катализатор среднетемпературной конверсии, катализатор низкотемпературной конверсии, катализатор метанизации и т.д. В нашей стране уже реализовано отечественное и серийное производство катализаторов производства водорода.

制氢原料净化催化剂(catalyst for purification of feed)　制氢原料净化催化剂是为了保护制氢催化剂的活性和选择性,防止其中毒失活而开发的专用保护催化剂,主要包括脱硫剂、脱氯剂、脱砷剂、脱其他金属催化剂。

Катализатор очистки сырья для производства водорода. Катализатор очистки сырья для производства водорода представляет собой специальный катализатор-протектор, разработанный для защиты активности и селективности катализатора производства водорода и предотвращения его инактивации из-за отравления. Он в основном включает в себя десульфурационный агент, дехлорирующий агент, агент для удаления мышьяка и катализаторы для удаления других металлов.

轻油蒸汽转化催化剂(catalyst for steam reforming of light oil)　轻油蒸汽转化催化剂是以轻质馏分油(主要是轻石脑油、重石脑油)为原料制氢的烃类蒸汽转化催化剂。

Катализатор паровой конверсии светлых нефтепродуктов. Катализатор паровой конверсии светлых нефтепродуктов представляет собой катализатор паровой конверсии углеводородов с использованием легких дистиллятов (в основном легкой нафты и тяжелой нафты) в качестве сырья для получения водорода.

油田气蒸汽转化催化剂（catalyst for steam reforming of oil field gas） 油田气蒸汽转化催化剂主要是以油田开采的天然气、伴生气以及炼厂气为原料制氢的烃类蒸汽转化催化剂。

Катализатор паровой конверсии газа нефтяного месторождения. Катализатор паровой конверсии газа нефтяного месторождения в основном представляет собой катализатор паровой конверсии углеводородов с использованием добытого с нефтяных месторождений природного газа, попутного газа и газа нефтепереработки в качестве сырья для получения водорода.

甲醇蒸汽转化催化剂（catalyst for steam reforming of methanol） 甲醇蒸汽转化催化剂主要是以甲醇为原料制氢的烃类蒸汽转化催化剂。

Катализатор паровой конверсии метанола. Катализатор паровой конверсии метанола в основном представляет собой катализатор паровой конверсии углеводородов с использованием метанола в качестве сырья для получения водорода.

铜系甲醇制氢催化剂（copper-based catalyst for steam reforming of methanol） 铜系甲醇制氢催化剂是以金属铜为活性组分的甲醇蒸汽转化制氢催化剂。

Катализатор на основе меди для получения водорода из метанола. Катализатор на основе меди для получения водорода из метанола представляет собой катализатор паровой конверсии метанола с получением водорода, активным компонентом которого является металлическая медь.

中温变换催化剂（medium temperature conversion catalyst） 中温变换催化剂是反应温度为250～400℃的一氧化碳变换反应所使用的催化剂，该催化剂的活性组分为Fe_3O_4、Cr_2O_3。

Катализатор среднетемпературной конверсии. Катализатор среднетемпературной конверсии представляет собой катализатор, используемый в реакции конверсии окиси углерода с температурой реакции 250–400 ℃ . Активными компонентами катализатора являются Fe_3O_4 и Cr_2O_3.

低温变换催化剂（low temperature conversion catalyst） 低温变换催化剂是反应温度低于250℃的一氧化碳变换反应所使用的催化剂，该催化剂的活性组分为Cu、ZnO、Al_2O_3。

Катализатор низкотемпературной конверсии. Катализатор низкотемпературной конверсии представляет собой катализатор, используемый в реакции конверсии окиси углерода с температурой реакции ниже 250 ℃. Активными компонентами катализатора являются Cu, ZnO и Al_2O_3.

一氧化碳变换催化剂（carbon monoxide conversion catalyst） 一氧化碳变换催化剂是用于将烃类蒸汽转化炉出口气体中的CO，在CO变换反应器中一定温度下转化为H_2和CO_2的催化剂。

Катализатор конверсии монооксида углерода. Катализатор конверсии монооксида углерода представляет собой катализатор, используемый для превращения CO в газе, выпускаемом из печи паровой конверсии углеводородов, в H_2 и CO_2 при определенной температуре в реакторе конверсии CO.

耐硫变换催化剂（sulfur-resistantist conversion catalyst） 耐硫变换催化剂是用于含有硫化合物的粗原料气变换过程的催化剂。该类催化剂具有活性高、强度好、能再生、耐硫能力强等优点。

Сероустойчивый катализатор конверсии. Сероустойчивый катализатор конверсии представляет собой катализатор, используемый в процессе конверсии сырого исходного газа, содержащего соединения серы. Этот тип катализатора обладает преимуществами высокой активности, хорошей прочности, регенеративной способности и высокой стойкости к сере.

甲醇催化裂解制氢催化剂(catalyst for cracking of methanol) 甲醇催化裂解制氢催化剂是将甲醇和水经催化裂解转化为氢气的专用催化剂。该工艺过程首先将甲醇和水汽化,然后在催化剂的作用和一定反应条件下,经催化裂解反应生成氢气和二氧化碳的混合气,再由吸附工艺将氢气提纯。

Катализатор каталитического расщепления метана для получения водорода. Катализатор каталитического расщепления метана для получения водорода представляет собой специальный катализатор для превращения метанола и воды в водород путем каталитического крекинга. В процессе сначала испаряются метанол и вода, а затем под действием катализатора и при определенных условиях реакции каталитического крекинга образуется смесь водорода и диоксида углерода, а затем водород очищается с помощью процесса адсорбции.

化学法(chemical method) 化学法制氢是通过热化学处理,将生物质转化为富氢可燃气,然后通过分离得到纯氢的方法。该方法可由生物质直接制氢,也可以由生物质解聚的中间产物(如甲醇、乙醇)进行制氢。主要的化学法制氢为:气化制氢、热解重整法制氢、超临界水转化法制氢以及其他化学转化制氢方法。

Химический метод. Химический метод получения водорода–это метод превращения биомассы в горючий газ, обогащенный водородом, путем термохимической обработки с последующим получением чистого водорода путем сепарации. Этим способом можно непосредственно получать водород из биомассы или из промежуточных продуктов деполяризации биомассы (таких как метанол и этанол). Основные химические методы получения водорода включают: получение водорода газификацией, получение водорода пиролизным риформингом, получение водорода сверхкритической конверсией воды и другие методы получения водорода химической конверсией.

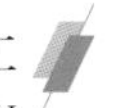

异构化催化剂及相关词汇

筛分效应(sieving effect) 筛分效应指在沸石催化反应过程中,通过沸石特有的选择性将不同形态及不同大小的分子进行分离的现象。由筛分效应产生的择形性可通过反应物选择性或产物选择性来实现。

临氢降凝(hydrodewaxing) 临氢降凝又称临氢选择催化脱蜡,用于降低喷气燃料的冰点及柴油、润滑油的凝点。

正构烷烃异构化(isomerization of normal alkanes) 正构烷烃异构化指在异构催化剂的作用下,正构烷烃的骨架碳链发生异构化反应(转化为异构体的反应)的过程。

Катализаторы изомеризации и соответствующие термины

Эффект грохочения. Эффект грохочения представляет собой явление сепарации молекул различных форм и размеров благодаря уникальной селективности цеолитов во время каталитической реакции на цеолитовом катализаторе. Формоселективность, создаваемая эффектом грохочения, может быть реализована за счет селективности реагирующего вещества или селективности продукта.

Гидродепарафинизация. Гидродепарафинизация также называется селективной каталитической гидродепарафинизацией. Она используется для снижения температуры замерзания ракетного топлива и температуры застывания дизельного топлива и смазочных масел.

Изомеризация нормальных алканов. Изомеризация нормальных алканов представляет собой процесс изомеризации (реакции превращения в изомер) каркасной углеродной цепи н-алканов под действием катализатора изомеризации.

催化脱蜡技术(catalytic dewaxing) 催化脱蜡技术又称择形催化裂解脱蜡，是利用分子筛催化剂的择形性能，将润滑油基础油中长直链烷基组分选择性地裂化成气体和较小的烃分子而除去，从而降低油品凝点的过程。

Технология каталитической депарафинизации. Технология каталитической депарафинизации также называется формоселективным каталитическим крекингом с целью депарафинизации. Это процесс селективного крекинга длинноцепочечных алкильных компонентов в смазочном базовом масле на газы и более мелкие молекулы углеводородов с использованием формоселективной способности катализаторов типа молекулярного сита для их удаления и тем самым снижения температуры конденсации нефтепродукта.

异构脱蜡(isodewaxing) 异构脱蜡是利用含特种分子筛和贵金属的催化剂，将正构烃和长链烷基异构化，从而降低油品倾点的过程。

Изодепарафинизация. Изодепарафинизация представляет собой процесс изомеризации нормальных углеводородов и длинноцепочечных алкильных групп с использованием катализаторов, содержащих специальные молекулярные сита и драгоценные металлы, и тем самым снижения температуры застывания нефтепродуктов.

润滑油加氢异构脱蜡技术(hydroisomerization dewaxing technology of lubricating oil) 润滑油加氢异构脱蜡技术是将原料油中的高凝点烃分子异构/裂化成相对分子质量相同或略小的异构烷烃，实现改善润滑油低温流动性的技术。

Технология гидроизомеризационной депарафинизации смазочных масел. Технология гидроизомеризационной депарафинизации смазочных масел представляет собой технологию, которая изомеризует/расщепляет молекулы углеводородов с высокой температурой конденсации в сыром масле на изопарафины с равной или немного меньшей молекулярной массой для улучшения прокачиваемости смазочного масла.

润滑油基础油溶剂精制工艺（lube base oil solvent refining/treating） 润滑油基础油溶剂精制工艺是利用某些溶剂的选择性溶解能力，脱除润滑油馏分中有害的及非理想物质，从而提高润滑油的黏度指数和抗氧化安定性并改善油品颜色的过程。

Технология сольвентной очистки смазочных базовых масел. Технология сольвентной очистки смазочных базовых масел представляет собой процесс удаления вредных и нежелательных веществ из фракции смазочного масла с использованием селективной растворяющей способности определенных растворителей и тем самым улучшения индекса вязкости и устойчивости смазочного масла к окислению, а также улучшения цвета нефтепродукта.

润滑油溶剂脱蜡工艺（lube solvent dewaxing） 润滑油溶剂脱蜡工艺是采用具有选择性溶解能力的溶剂，在冷冻条件下，脱除润滑油原料中蜡（一般为石蜡或微晶蜡）的过程，用以提高润滑油的低温流动性。

Технология сольвентной депарафинизации смазочных масел. Технология сольвентной депарафинизации смазочных масел представляет собой процесс удаления воска (обычно парафина или микрокристаллического воска) из сырых смазочных масел в условиях замораживания, с использованием растворителя, обладающего селективной растворяющей способностью. Она применяется для улучшения прокачиваемости смазочных масел.

润滑油加氢补充精制工艺（lube hydrorefining） 润滑油加氢补充精制工艺用于润滑油常规加工流程中的最后一道工序，是在基本不改变进料烃类分布的前提下，脱除上游工序残留的溶剂、易于脱除的含氧化合物、部分易脱除的硫化物、少量氮化物以及其他极性物等，改善油品的色度、气味、透明度、抗乳化性与对添加剂的感受性等。

Технология гидродоочистки смазочных масел. Технология гидродоочистки смазочных масел используется в последней операции в обычном процессе переработки смазочного масла. Она заключается в удалении остаточных растворителей с предыдущей операции, кислородных соединений, которые легко удаляются, некоторых легко удаляемых сульфидов, небольшого количества нитридов и других полярных веществ без существенного изменения распределения исходных углеводородов, для улучшения оттенка, запаха, прозрачности, деэмульгирующей способности и чувствительности нефтепродукта к добавкам и т.д.

全氢型润滑油加工技术（fully hydrogenated lube processing technology） 全氢型润滑油加工技术是为了应对润滑油原料的变化尤其是劣质化，以及日益严格的产品质量标准而开发的全加氢形式的润滑油基础油生产技术。

Технология обработки полностью гидрогенизированных смазочных масел. Технология обработки полностью гидрогенизированных смазочных масел представляет собой технологию производства полностью гидрогенизированных смазочных базовых масел, разработанную для соответствия изменению и ухудшению качества сырья для смазочных масел, а также все более строгим стандартам качества продукции.

C_5/C_6异构化催化剂（isomerization catalyst of C_5/C_6） C_5/C_6异构化催化剂是将轻质石脑油原料中的低辛烷值组分C_5/C_6正构烷烃在催化剂的作用下发生异构化反应转化为相应的高辛烷值支链异构烃工艺的专用催化剂。

Катализатор изомеризации углеводородов C_5/C_6. Катализатор изомеризации углеводородов C5/C6 представляет собой специальный катализатор процесса изомеризации низкооктановых компонентов н–алканов C5/C6 в легком нафтеновом сырье под действием катализатора с целью превращения их в соответствующие высокооктановые изоуглеводороды с разветвленной цепью.

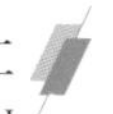

碳八芳烃临氢异构化催化剂（hydroisomerization catalyst of xylene） 碳八芳烃临氢异构化催化剂是用于临氢生产对二甲苯或邻二甲苯，或同时生产对二甲苯、邻二甲苯产品的贵金属 / 沸石型双功能异构化催化剂。

Катализатор гидроизомеризации ароматических углеводородов C_8. Катализатор гидроизомеризации ароматических углеводородов C_8 представляет собой бифункциональный катализатор изомеризации на основе драгоценного металла/цеолита, используемый для производства п–ксилола или о–ксилола или одновременного производства продуктов п–ксилола и о–ксилола под давлением водорода.

低温双功能异构化催化剂（low-temperature bifunctional hydroisomerization catalyst） 低温双功能异构化催化剂通常是将 Pt 负载于经 $AlCl_3$ 处理过的 Al_2O_3 载体上制得，其反应温度为 115～150℃。该催化剂具有反应温度低、活性高、稳定性好、结焦少、产物辛烷值高等特点。

注：目前，世界上约有 25% 的 C_5/C_6 异构化装置使用低温催化剂。

Низкотемпературный бифункциональный катализатор изомеризации. Низкотемпературный бифункциональный катализатор изомеризации обычно получается путем нанесения Pt на носитель Al_2O_3, обработанный $AlCl_3$. Температура реакции катализатора составляет 115–150 ℃ . Этот катализатор отличается низкой температурой реакции, высокой активностью, хорошей стабильностью, меньшим коксованием и высоким октановым числом продукта.

Примечание: В настоящее время около 25% установок для изомеризации углеводородов C_5/C_6 в мире применяют низкотемпературные катализаторы

中温沸石异构化催化剂（middle-temperature bifunctional hydroisomerization catalyst） 中温沸石异构化催化剂是双功能异构化催化剂，金属功能由载体上的金属组分铂或钯提供，酸性功能则由丝光沸石、Beta 沸石等组成的载体提供。

Среднетемпературный катализатор изомеризации на основе цеолита. Среднетемпературный катализатор изомеризации на основе цеолита представляет собой бифункциональный катализатор изомеризации. Его металлическая функция обеспечивается металлическим компонентом платиной или палладием на носителе, а кислотная функция обеспечивается носителем, состоящим из морденита, цеолита Бета и т.д.

高温双功能异构化催化剂(high-temperature bifunctional hydroisomerization catalyst) 高温双功能异构化催化剂主要用于汽油、煤油馏分的加氢异构化,反应温度一般为375～400℃。该类催化剂具有较强的抗毒能力,但对异构产物热力学平衡浓度不利,因此该工艺的液收率和产品辛烷值较低。

Высокотемпературный бифункциональный катализатор изомеризации. Высокотемпературный бифункциональный катализатор изомеризации в основном используется для гидроизомеризации бензиновых и керосиновых фракций. Его температура реакции обычно составляет 375–400℃. Этот тип катализатора обладает сильной антитоксичной способностью, но он не способствует термодинамически равновесной концентрации продуктов изомеризации, поэтому выход жидкости и октановое число продукта этой технологии низкие.

柴油临氢降凝催化剂(hydrodewaxing catalyst of diesel) 柴油临氢降凝催化剂是用于临氢处理柴油馏分生产低凝点柴油的催化剂,主要反应是将柴油原料中凝点高的正构烷烃选择性地裂解为低相对分子质量的烃类,改善柴油的低温流动性。

Катализатор гидродепарафинизации дизельного топлива. Катализатор гидродепарафинизации дизельного топлива представляет собой катализатор, используемый для обработки дизельных фракций под давлением водорода с целью получения дизельного топлива с низкой температурой конденсации. Основной реакцией является селективное расщепление н-алканов с высокой температурой конденсации в сырье для получения дизельного топлива на углеводороды с низкой относительной молекулярной массой для улучшения прокачиваемости дизельного топлива.

润滑油基础油异构脱蜡催化剂（lube base oil hydroisomerization dewaxing catalyst）　润滑油基础油异构脱蜡催化剂用于生产API Ⅱ类、Ⅲ类润滑油基础油的润滑油加氢异构脱蜡工艺，是将润滑油基础油中的直链烷烃（蜡油馏分）经异构化反应脱除的催化剂。

Катализатор изодепарафинизации смазочных базовых масел. Катализатор изодепарафинизации смазочных базовых масел используется в технологии гидроизодепарафинизации смазочных масел для производства смазочных базовых масел класса API Ⅱ и Ⅲ и представляет собой катализатор для удаления прямоцепочечных алканов (парафинового дистиллята) из смазочных базовых масел путем процесса изомеризации.

醛加氢催化剂及相关词汇

Катализаторы гидрогенизации альдегидов и соответствующие термины

列管式反应器（shell and tube reactor; tubular reactor）　列管式反应器由许多较细的反应管组成，在管内装有催化剂的固定床反应器。结构与管壳式换热器相似，由管束、壳体、两端封头等组成。

Кожухотрубный реактор. Кожухотрубный реактор представляет собой реактор с неподвижным слоем катализатора, состоящий из множества тонких реакционных трубок, в которые загружается катализатор. Его конструкция аналогична конструкции кожухотрубному теплообменнику и состоит из трубного пакета, кожуха и торцевых заглушек.

醛加氢催化剂（aldehyde hydrogenation catalyst）　醛加氢催化剂指醛类选择性加氢制备醇类的固体颗粒催化剂。

Катализатор гидрогенизации альдегидов. Катализатор гидрогенизации альдегидов представляет собой катализатор в виде твердых частиц, используемый для процесса селективной гидрогенизации альдегидов с получением спиртов.

负载型醛加氢催化剂（supported aldehyde hydrogenation catalyst） 负载型醛加氢催化剂指采用负载技术将活性组分负载于载体上所制备的醛类加氢催化剂。

Нанесенный катализатор гидрирования альдегидов. Нанесенный катализатор гидрирования альдегидов представляет собой катализатор, получаемый нанесением активного компонента на носитель путем процесса нанесения.

气相醛加氢（vapor phase hydrogenation of aldehydes） 气相醛加氢指醛类在加氢反应器内保持气相状态与固体颗粒催化剂接触发生气—固两相反应的工艺。

Газофазное гидрирование альдегидов. Газофазное гидрирование альдегидов представляет собой технологию, в которой альдегиды поддерживают газофазное состояние в реакторе гидрирования и вступают в контакт с твердыми частицами катализатора для протекания двухфазной реакции газ–твердое вещество.

液相醛加氢（liquid phase hydrogenation of aldehydes） 液相醛加氢指醛类在加氢反应器内保持液相状态与固体颗粒催化剂接触发生气—液—固三相反应的工艺。

Гидрирование альдегидов в жидкой фазе. Гидрирование альдегидов в жидкой фазе представляет собой технологию, в которой альдегиды находятся в жидкой фазе в реакторе гидрирования и вступают в контакт с твердыми частицами катализатора для протекания трехфазной реакции газ–жидкость–твердое вещество.

丁醛加氢（butyraldehyde hydrogenation） 丁醛加氢指丁醛（包含正丁醛和异丁醛）催化加氢生产丁醇的工艺。

Гидрирование бутилальдегида. Гидрирование бутилальдегида представляет собой технологию каталитического гидрирования бутилальдегида (включая н–бутилальдегид и изо–бутилальдегид) с получением бутанола.

辛烯醛加氢（hydrogenation of octenal） 辛烯醛加氢指辛烯醛催化加氢生产辛醇的工艺。

Гидрирование октеналя. Гидрирование октеналя представляет собой технологию каталитического гидрирования октеналя с получением октанола.

高聚物（high polymer） 高聚物是醛类加氢制备醇类产物的工艺过程中的副产物，是醛类发生过度聚合生成的物质。

Продукт уплотнения. Продукт уплотнения является побочным продуктом процесса гидрирования альдегидов и представляет собой вещество, образованное в результате олигомеризации альдегидов.

硫黄回收催化剂及相关词汇

Катализаторы извлечения серы и соответствующие термины

活性氧化铝催化剂（activated alumina catalyst） 活性氧化铝催化剂是硫黄回收工艺的一类专用催化剂，具有初期活性好、压碎强度高、成本低、克劳斯硫回收率高的优点。

Катализатор на основе активированного оксида алюминия. Катализаторы на основе активированного оксида алюминия представляют собой класс специальных катализаторов для процесса получения серы, которые обладают преимуществами хорошей начальной активности, высокого сопротивления раздроблению, низкой себестоимости и высокого коэффициента получения серы по процессу Клауса.

脱漏氧保护催化剂（oxygen removal protection catalyst） 脱漏氧保护催化剂是硫黄回收工艺的一类专用保护催化剂，是一种具有 O_2 转化和克劳斯反应能力的催化剂。

Защитный слой для удаления кислорода. Защитный слой для удаления кислорода является классом специальных катализаторов-протекторов для процесса получения серы, представляя собой катализатор, обладающий способностью превращать кислород и вступать в реакцию Клауса.

有机硫水解催化剂（organosulfur hydrolysis catalyst） 有机硫水解催化剂是硫黄回收工艺的一类专用催化剂，有机硫水解能力较好，适用于操作稳定的普通克劳斯反应。

Катализатор гидролиза органической серы. Катализатор гидролиза органической серы представляет собой класс специальных катализаторов для процесса получения серы, которые обладают хорошей способностью к гидролизу органической серы и подходят для ведения обычных реакций Клауса со стабильной работой.

二氧化钛基催化剂（titanium dioxide-based catalyst） 二氧化钛基催化剂是一种有机硫水解催化剂，其有机硫（CS_2、COS）水解活性和硫回收率高，稳定性好，不易发生硫酸盐化中毒。

Катализатор на основе диоксида титана. Катализатор на основе диоксида титана представляет собой тип катализатора гидролиза органической серы, который обладает высокой активностью гидролиза органической серы (CS_2, COS), высоким коэффициентом извлечения серы, хорошей стабильностью и меньшей склонностью к сульфатированию.

多功能硫黄回收催化剂（multifunctional sulfur recovery catalyst） 多功能硫黄回收催化剂采用复合载体并添加其他金属氧化物助剂来提高克劳斯活性、有机硫水解活性、脱漏氧活性和抗积炭能力。

Многофункциональный катализатор извлечения серы. Многофункциональный катализатор извлечения серы использует композитный носитель с добавками из оксидов металлов для улучшения активности Клауса, активности гидролиза органической серы, активности по удалению кислорода и способности предотвращать осаждение углерода.

烟气脱硝催化剂及相关词汇

Катализаторы денитрификации газообразных продуктов сгорания и соответствующие термины

烟气脱硝（flue gas denitrification） 烟气脱硝指脱除炼油厂和发电厂的烟气中 NO_x 有害组分的过程。

注：烟气脱硝包括催化裂化烟气脱硝和电厂烟气脱硝。

Денитрификация газообразных продуктов сгорания. Денитрификация газообразных продуктов сгорания представляет собой процесс удаления вредных компонентов NO_x из газообразных продуктов сгорания на нефтеперерабатывающих заводах и электростанциях.

Примечание: Денитрификация газообразных продуктов сгорания включает в себя денитрификацию газообразных продуктов каталитического крекинга и денитрификацию газообразных продуктов электростанций.

脱硝催化剂(denitration catalyst) 脱硝催化剂指用于催化裂化装置和电厂的烟气脱硝系统的催化剂。在一定温度下,该催化剂可促使还原剂选择性地与烟气中的氮氧化物发生化学反应。

Катализатор денитрификации. Катализатор денитрификации представляет собой катализатор, используемый в установке каталитического крекинга и системе денитрификации газовых продуктов сгорания на электростанциях. При определенной температуре этот катализатор может способствовать селективной химической реакции восстановителя с оксидами азота, содержащимися в газообразных продуктах сгорания.

NO_x 抑制剂(NO_x reduction additive) 降低再生烟气 NO_x 助剂是以降低再生器排放的再生烟气中的 NO_x 为目标的催化裂化工艺专用助剂。其反应原理为 NO_x 与 C 发生氧化还原反应生成 CO 和 N_2。

Присадка для снижения содержания NO_x. Присадка для снижения содержания NO_x представляет собой специальную добавку для процесса каталитического крекинга, которая направлена на снижение содержания NO_x в газах регенерации, выпущенных из регенератора. Принцип реакции заключается в том, что NO_x вступает в окислительно-восстановительную реакцию с С с образованием СО и N_2.

吸附剂及相关词汇

Адсорбенты и соответствующие термины

白土类吸附脱硫吸附剂(clay adsorption desulfurization adsorbent) 白土类吸附脱硫吸附剂指活性白土吸附剂,是一种吸附性能较强的物质,能吸附有色物质、有机物质。它主要以黏土(主要是膨润土)为原料,是经无机酸化处理,再经水漂洗、干燥制成的吸附剂,外观为乳白色粉末,无臭、无味、无毒,吸附性能很强。

Адсорбент на основе белой глины для процесса адсорбционной десульфурации. Под адсорбентом на основе белой глины для процесса адсорбционной десульфурации подразумевается адсорбент на основе активированной глины. Это вещество с высокой адсорбционной способностью, которое может адсорбировать окрашенные вещества и органические вещества. Он получается из глины (в основном бентонитовой глины) в качестве основного сырья путем обработки неорганической кислотой, промывки водой и сушки. Он представляет собой молочно-белый порошок по внешнему виду, без запаха, нетоксичен и обладает высокой адсорбционной способностью.

沸石类脱硫吸附剂（zeolite desulfurization adsorbent） 沸石类脱硫吸附剂就是采用不同类型的沸石分子筛吸附脱除油品中不同类型的硫化物，或者使用同一类型沸石分子筛以不同的处理方式对油品中的硫化物进行脱除工艺所使用的吸附剂。该类吸附剂利用沸石表面积大且具有高度局部集中的极点荷的特性，这些局部集中的极点荷能强烈吸附可极化的硫化物，且吸附后的沸石可用热蒸汽再生。

Цеолитовый адсорбент для десульфурации. Цеолитовый адсорбент для десульфурации представляет собой адсорбент, используемый в технологиях, в которых используются разные типы цеолитовых молекулярных сит для адсорбции и удаления разных типов сульфидов из нефтепродукта или используется один тип цеолитовых молекулярных сит для удаления сульфидов из нефтепродукта путем разных способов обработки. Этот тип адсорбента использует характеристики цеолита с большой площадью поверхности и высокой локальной централизацией полярных зарядов. Эти локально централизованные полярные заряды могут сильно адсорбировать поляризуемые сульфиды, и адсорбировавший цеолит может быть регенерирован горячим паром.

活性炭类脱硫吸附剂（activated carbon desulfurization adsorbent） 活性炭类脱硫吸附剂是利用活性炭具有较大的表面积、良好的孔结构、丰富的表面基团和较强的脱硫吸附性能，通过改性处理活性炭制备的脱硫吸附剂。

Адсорбент на основе активированного угля для десульфурации. Адсорбент на основе активированного угля для десульфурации представляет собой адсорбент для десульфурации, получаемый путем модификации активированного угля с использованием активированного угля с большой площадью поверхности, хорошей пористой структурой, богатыми поверхностными группами и сильной адсорбционной и десульфурационной способностью.

金属及其氧化物类脱硫吸附剂（metal and its oxide desulfurization adsorbent） 金属及其氧化物类脱硫吸附剂主要指锌基脱硫吸附剂、铁基脱硫吸附剂和锰基脱硫吸附剂等。

Адсорбент на основе металлов и их оксидов для десульфурации. Основные адсорбенты на основе металлов и их оксидов для десульфурации включают адсорбенты на основе цинка для железа, марганца и т.д.

汽油吸附脱硫剂（gasoline adsorption desulfurizer） 汽油吸附脱硫剂是汽油吸附脱硫工艺专用吸附剂，该工艺的关键是吸附剂将汽油中的硫化合物吸附下来并转移到再生器中。该吸附剂为微球形，粒度分布集中于0～150μm，其活性组分由ZnO、MnO_2、CaO或一些复合金属氧化物组成，载体一般由金属氧化物和非金属氧化物组成。

Адсорбент для адсорбционной десульфурации бензина. Адсорбент для адсорбционной десульфурации бензина представляет собой специальный адсорбент для процесса адсорбционной десульфурации бензина. Ключевой действующий фактор данного процесса заключается в том, что адсорбент адсорбирует сульфиды из бензина и перемещает их в регенератор. Данный адсорбент имеет микросферическую форму. Его зернистость распределяется в диапазоне от 0 до 150 мкм. Его активные компоненты состоят из ZnO, MnO_2, CaO или некоторых сложных оксидов металлов, а носитель обычно состоит из оксидов металлов и оксидов неметаллов.

芳烃分离吸附剂（adsorbent for aromatics separation） 芳烃分离吸附剂主要指从混合C_8芳烃异构体中分离对二甲苯（PX）的PX吸附剂或是分离间二甲苯（MX）的MX吸附剂。

Адсорбент для сепарации ароматических углеводородов. Основные адсорбенты для сепарации ароматических углеводородов–адсорбент PX для выделения параксилола (PX) или адсорбент MX для выделения мета-ксилола (MX) из изомеров смешанных C_8–арматических углеводородов.

吸附脱砷催化剂(adsorption dearsenic catalyst) 吸附脱砷催化剂是以铜、镍为活性组分,以大比表面、较大孔道结构的材料为载体制备的吸附脱除油品中砷化物的催化剂。吸附脱砷过程主要发生两类反应,即物理/化学吸附和化学反应。

Катализатор адсорбционного удаления мышьяка. Катализатор адсорбционного удаления мышьяка представляет собой катализатор для адсорбции и удаления арсенидов из нефтепродукта, который получается с использованием меди и никеля в качестве активных компонентов и материала с большой удельной поверхностью и крупнопористой структурой в качестве носителя. В процессе адсорбционного удаления мышьяка в основном протекают два вида реакций: физическая/химическая адсорбция и химическая реакция.

络合剂及相关词汇

Комплексообразователи и соответствующие термины

络合浸渍技术(complexation-impregnation; complex impregnation technology) 络合浸渍技术指在催化活性金属组分浸渍溶液的制备过程中引入络合剂形成金属离子络合物的浸渍液,将催化剂载体在该浸渍液中进行浸渍,将活性金属组分负载在载体表面的催化剂制备技术。

Технология пропитки с использованием комплексообразователей. Технология пропитки с использованием комплексообразователей представляет собой технологию приготовления катализаторов, в которой комплексообразователь используется в процессе приготовления пропитывающего раствора каталитически активного металлического компонента для формирования пропитывающего раствора комплекса иона металла, а носитель катализатора пропитывается этим раствором для нанесения активного металлического компонента на поверхность носителя.

络合反应(complex reaction)　络合反应指配体与配离子(通常是金属离子)之间通过配位键结合而形成配位化合物的反应。

Реакция комплексообразования. Реакция комплексообразования представляет собой реакцию, в которой лиганд связывается с комплексным ионом (обычно ионом металла) с помощью координационной связи, в результате чего образуется комплексное соединение.

络合脱氮(complex denitrification)　络合脱氮指采用络合反应原理脱除原料油中的碱性氮化物的工艺。

Денитрификация методом комплексообразования. Денитрификация методом комплексообразования представляет собой технологию удаления азотистых оснований из сырого масла с использованием принципа реакции комплексообразования.

焦化柴油络合脱氮(complex denitrification for coker diesel)　焦化柴油络合脱氮指采用络合反应原理将焦化柴油中的碱性氮脱除的工艺。

Денитрификация легкого газойля коксования методом комплексообразования. Денитрификация легкого газойля коксования методом комплексообразования представляет собой технологию удаления азотистых оснований из легкого газойля коксования с использованием принципа реакции комплексообразования.

焦化柴油络合脱氮剂(complex denitrification agent for coker diesel)　焦化柴油络合脱氮剂指采用络合反应原理将焦化柴油中的碱性氮脱除的催化剂。

Агент денитрификации легкого газойля коксования методом комплексообразования. Это катализатор, который удаляет азотистые основания из легкого газойля коксования с использованием принципа реакции комплексообразования.

焦化蜡油络合脱氮（complex denitrification for coker gas oil） 焦化蜡油络合脱氮指采用络合反应原理将焦化蜡油中的碱性氮脱除的工艺。

Денитрификация тяжелого газойля коксования методом комплексо-образования. Денитрификация тяжелого газойля коксования методом комплексообразования представляет собой технологию удаления азотистых оснований из тяжелого газойля коксования с использованием принципа реакции комплексообразования.

焦化蜡油络合脱氮剂（complex denitrification agent for coker gas oil） 焦化蜡油络合脱氮剂指采用络合反应原理将焦化蜡油中的碱性氮脱除的催化剂。

Агент для денитрификации тяжелого газойля коксования методом комплексообразования. Это катализатор, который удаляет азотистые основания из тяжелого газойля коксования с использованием принципа реакции комплексообразования.

中文条目索引

B

C

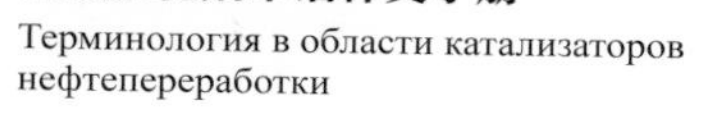

D

E

F

G

H

J

K

L

M

N

P

Q

R

S

T

U

W

X

Y

Z

Алфавитный указатель на русском языке

А

Б

В

Г

Д

Ж

З

И

К

Л

М

Н

О

С

Т

У

Ф

Х

Ц

Ч